Koi

锦鲤

的养殖与鉴赏

苏建通　主编

孙向军　执行副主编

中国农业出版社

主编简介

　　苏建通　　毕业于大连水产学院。曾任北京市水产总公司总工程师，现任北京市农林科学院副院长、北京市水产科学研究所所长、研究员；兼任中国水产学会常务理事、中国水产学会观赏鱼分会主任委员、北京水产学会常务副理事长、北京农学会副理事长。

　　从事观赏鱼研究与推广工作 30 余年，是我国知名的水产专家。主持承担了国家、省部级重大科技及推广项目 20 余项，获北京市科技进步奖 7 项、北京市农业技术推广奖 5 项。享受国务院政府特殊津贴，北京市突出贡献专家。2010 年荣获"全国优秀科技工作者"称号。

本书编委会名单

主　　　　编：苏建通

执行副主编：孙向军

副　主　编：梁拥军　倪寿文　罗　琳

编　　　　委：史东杰　马志宏　李文通　孙砚胜　魏　东　杨　广

　　　　　　　白　明　穆祥兆　杨　璞　冯　云　周晓华　陈锡波

　　　　　　　殷守仁　乔秀亭　何　川　陆书亮　丁　文　张　欣

　　　　　　　张升利　丁庆忠　王　巍　王　宾　暴丽梅　梁满景

支持单位：北京市水产科学研究所

　　　　　　北京市观赏鱼产业技术体系创新团队

　　　　　　中国水产学会观赏鱼分会

序

　　我还从来没有为别人出版的书作过序，此次，苏建通研究员嘱我为他们即将出版的《锦鲤的养殖与鉴赏》一书作序，我欣然允诺，因为这是一部十分有价值的图书，为其作序也是一件十分有意义的事。

　　记得十六年前，我与苏建通研究员都作为研究所所长，共同参加了一个会议。会间我们交谈，他对我讲，随着社会、经济的快速发展，人民生活水平的不断提高，人们将越来越重视追求高情趣、高品位的生活，顺应这一变化，今后各类观赏鱼将会有很大的市场需求，北京水产所准备部署安排技术力量开发锦鲤这种观赏鱼。当时，北京市水产科学研究所正致力于草鱼、鲤鱼、罗非鱼等鱼类健康养殖技术与规范的开发与推广，正在着力向京郊普及推广鲑鳟等冷水鱼类养殖技术。所里属于新一代着力研究开发的重点是甲鱼的繁育孵化。在那时，苏建通研究员作为一所之长，着眼中长期，考虑研究所今后的研发重点，考虑北京渔业的发展方向，体现了一位研究所领导应有的学识与责任。更巧的是，近十来年，我们又因各自的工作都与农业有关，再次有了密切的联系与交流。有幸看到了苏建通研究员带领北京市水产科学研究所观赏鱼研究团队，一干就是十数年，对锦鲤的繁殖、选育、营养与饲料、病害防治等技术进行了持续的研究开发。他们将分子标记辅助育种等现代生物技术与雌核发育、家系选育等传统育种技术相结合，建立了红白锦鲤、大正三色锦鲤、昭和三色锦鲤雌核发育纯系；创建了锦鲤规模化繁育及养殖技术模式；制定了锦鲤养殖技术标准和操作规程；开发了多种中草药配方，建立了观赏鱼网络专家养殖和鱼病诊断系统。锦鲤养殖技术及苗种辐射到了全国22个省、自治区、直辖市，取得了骄人的成绩。他们通过举办观赏鱼论坛、学术研讨会、锦鲤鉴赏与比赛、养殖技术培训班、科技下乡等活动，将锦鲤养殖与鉴赏知识传播到千家万户，探索都市型渔业发展之路，为休闲农业的发展、促进农民增收致富发挥了重要作用。

　　休闲农业作为现代都市农业的重要内涵，发展的基本方向就是农业发展要着眼于城市，把农业生产、科技应用、艺术加工和休闲生活紧密融为一体，通过满足都市人的多种需求来开发市场,提升农业附加值。被人们称为"水中活宝石"、"游动的艺术品"的锦鲤,以其雄健的身躯、绚丽的色彩、华丽的斑纹、潇洒的泳姿、温顺的习性,成为世界性的高档观赏鱼,锦鲤正是这样一种具有精神文化价值,可满足城市消费需求,能够深度开发、实现一产与三产高度融合的农业资源。

我们看到,一方面,养殖观赏鱼已经成为人们热爱生活、享受生活、回归自然、增强生活情趣、追求精神享受的一种时尚。宾馆、饭店、公园,庭院的园林化和室内情趣化、自然化,都使得对观赏鱼的需求量日益增大。另一方面,锦鲤养殖具有占地面积小、生产周期短、节水、经济效益高、可出口创汇、适合农户分散养殖的优点,充分体现了现代都市农业的"生产功能、生活功能、生态功能"。因此,锦鲤养殖一定能够成为农业中的一个新产业亮点。近些年,北京市的渔业通过科技进步得到飞速发展。尤其是观赏金鱼,成为全国一绝。据报载,为弘扬中国观赏鱼历史文化,满足人民群众的精神文化需求,展示观赏鱼产业发展成果,体现观赏鱼产业在现代都市农业中的重要作用,举办了"2010北京·金鱼锦鲤大赛"。北京、福建、广州、天津、江苏等 10 余个省市的65个协会、学会、俱乐部、企业,参加了金鱼10个组别、锦鲤7个部别共89个奖项的角逐。一条78厘米长的白写锦鲤,竟在大赛中拍出120万元天价。

正是在这种观赏鱼发展背景下,苏建通研究员带领北京市水产科学研究所观赏鱼研究团队,充分吸收国内外先进技术,适时总结十余年研究工作成果,撰写了这部《锦鲤的养殖与鉴赏》。该书根据锦鲤的血统,历史发展顺序和人工改良培育顺序等进行了科学的分类。本书深入浅出,图文并茂,集趣味性、科学性和知识性于一体,具有很高的学术价值、应用价值、科普价值和鉴赏价值。相信它的出版,必将为促进我国锦鲤养殖业的发展做出积极的贡献。

杨伟光

2011 年 6 月 20 日

(本序作者为北京市科学技术委员会党组书记、副主任,曾多年分管农村农业科技工作)

前　言

近年来，锦鲤养殖作为一个新兴产业发展迅速，已成为我国重要观赏鱼养殖品种之一，据不完全统计，锦鲤占我国观赏鱼交易额的比例从2000年的6%迅速增长到2010年的20%左右，约合人民币12亿元。

目前，我国的锦鲤产业已初具规模，具有可观的生产能力，备受世界关注。但锦鲤产业在我国的兴起较晚，无论从科学研究还是养殖生产，均与世界水平存在一定的差距，主要表现在产出的锦鲤多数品位较低，从而导致产值不高，效益不明显，严重制约着我国锦鲤产业的发展。为此，我根据自己近三十年观赏鱼的科研、推广成果，及与日本锦鲤振兴会多年的技术交流与合作，在充分考虑国内、国际锦鲤养殖现状的基础上，特编撰此书，希望为我国锦鲤产业的发展做出积极的贡献。

在总结北京市水产科学研究所锦鲤科研成果的基础上，我们收集了大量珍贵资料，对锦鲤发展史、分类和鉴赏等提出了自己的观点；本书在阐述锦鲤一般理论知识的基础上，重点阐述了锦鲤的养殖与管理知识，尤其是书中所涉及的红白、大正三色、昭和三色等锦鲤品种的苗种挑选技术和分级标准，是国内首次纳入出版物，公开发行；此外，本书还对锦鲤与现代休闲生活的关系进行了阐述。希望本书对锦鲤科研人员、养殖专业人士、爱好者和经营者提高水平有所帮助。

由于编撰时间有限，《锦鲤的养殖与鉴赏》一书，难免有不妥之处，请广大读者批评指正。

【目录】

【目录】

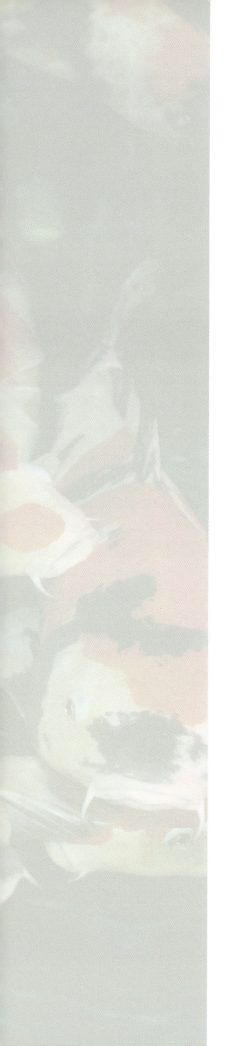

第一章

锦鲤的发展史

　　从历史文献可以看出，观赏鲤最早发源于中国。当代锦鲤起源于日本，后经日本人民长达200年左右的品种改良，锦鲤传入世界各地。当代锦鲤在20世纪80年代初传入中国，经国内的科技工作者运用一些现代生物育种技术选育，养殖面积逐年增大，市场逐渐得到拓展，锦鲤在我国百姓中的认知度也在逐年提高。

锦鲤的由来

　　锦鲤作为一种优雅美丽的观赏鱼，已经风靡了全世界。关于锦鲤的身世许多人并不了解，也许很多人会认为锦鲤起源于日本，这种说法的确有一定的道理。因为，现在多数人饲养的锦鲤品种，如：大正三色、昭和三色等的确是由日本业者培育出来的。通过名称我们就能看出来，大正和昭和都是日本明治维新后的两个年号。因此很多国家和地区也统称这些观赏鲤为"日本锦鲤"。但追根寻源，在大正和昭和时代前到底有没有锦鲤呢？人们饲养鲤鱼用于观赏又是从什么时候开始的呢？观赏鲤到底发源于什么地方呢？

　　从历史文献中可以看出，观赏鲤最早起源于中国，而且锦鲤的名称也是由中国诗人最先命名的。中国是最早饲养鲤鱼的国家。据《诗经》记载，周文王凿池养鲤。春秋战国时期越国大夫范蠡竭力主张发展池塘养鲤，他认为："蓄养三年，其利可以至千万，越国当盈。"在古代中国民间有"养鱼种竹千倍利"的谚语。周代时，鲤鱼已成为最名贵的食品之一，周宣王讨伐猃狁获胜，特以"包鳖脍鲤"大宴诸侯。《诗经》中也有"岂其食鱼，必河之鲤"的句子。相传孔子生一儿子，鲁昭公赐孔子鲤鱼，孔子为感激君主的赐予，为其子取名鲤，字伯鱼。孟子曾说："鱼我所欲也，熊掌亦我所欲，二者不可得兼。"南朝齐梁时代的陶弘景认为："鲤为诸鱼之长，为食品上味。"至2 200多年前的汉代，池塘养鲤已很盛行，从皇室到地主，都经营着养鲤业，并从自给性逐步发展至商品性生产。汉朝中期河西走廊逐渐建立起来，随着中国与中亚细亚各国商贸往来的日益密切，鲤鱼逐渐成为一种世界性的养殖鱼类。

　　南宋名将岳飞之孙岳珂所著《桯史》一书中记载："今中都有鬻鱼者，能变鱼以金色，鲫为上，鲤次之。贵游多凿石为池，置之檐廇间，以供玩。"这里所说的金色的鲤鱼就是现在观赏鲤祖先。可见，观赏鲤在中国的养殖史至少可以追溯到南宋。

金代双鲤鱼纹大铜镜

商代蟠龙外围有鱼纹盘、夔龙纹及鸟纹围绕。现藏台北故宫博物院

　　唐朝陆龟蒙所作《奉酬袭美苦雨》："层云愁天低，久雨倚槛冷。丝禽藏荷香，锦鲤绕岛影。"黄滔《成名后呈同年》："业诗攻赋荐乡书，二纪如鸿历九衢。待得至公搜草泽，如从平陆到蓬壶。虽惭锦鲤成穿额，忝获骊龙不寐珠。"两诗第一次提到了锦鲤的名字，也是现今世界上最早的锦鲤名称的使用记录。之后，中国的观赏鲫与观赏鲤用名开始分化，金鲫名称继续使用，并逐渐发展成为

金鲫——金鱼的祖先

金鱼，而金鲤的名字逐渐被锦鲤所取代。后世例证诗句层出不穷，比如：

宋朝薛利和《西湖亭》一诗中："雪鸥卧听禅僧磬，锦鲤行惊钓客船。若比钱塘江上景，欠他十里好风烟。"苏轼《水龙吟》词中："但丝莼玉藕，珠粳锦鲤，相留恋，又经岁。"

元朝滕斌《普天乐》中："款棹兰舟闲游戏，任无情日月东西。钓头锦鲤，杯中美酝，归去来兮。"李文蔚《破苻坚蒋神灵应》杂剧中："是独飞天鹅势、大海求鱼势、蛟龙竞宝势、蝴蝶绕园势、锦鲤化龙势、双鹤朝圣势、黄河九曲势、华岳三峰势……"

上述所提到的中国最早的观赏鲤并没有延续下来而逐渐演变成现代的锦鲤，主要有如下三个方面原因：

第一，龙图腾的专有权。

自中国进入封建帝制后，原始各部族的图腾逐渐被放弃，龙这一神话形象成为华夏民族统一的图腾符号。封建皇帝以真龙天子自居，拥有龙图腾的唯一使用权，公侯士大夫、平民百姓如果擅自使用龙的图案，就会被视为要篡权谋逆，招来灭顶之灾。自古就有鲤鱼跳龙门的传说，所以鲤鱼一直被认为是龙的象征。因此，随着中国封建帝制的深入，对民间饲养鲤鱼的限制也越来越多。这种限制在唐朝达到了顶峰，因为唐朝皇帝家族姓"李"，与"鲤"同音，鲤鱼又有化龙之意，平民百姓饲养经营鲤鱼被认为是对皇室家族的亵渎。据说，唐朝的法度曾规定，百姓在河流中捕获鲤鱼必须放生，更不允许私自饲养、贩卖鲤鱼。红色、金色和具有花纹变异的鲤鱼更是被视为神圣之物，若误捕了，一定要放生后到神灵前谢罪。虽然唐朝末年这种禁令逐渐消退，但人们在很长一段时间内还是对鲤鱼非常敬畏，饲养数量少，人工条件下的变异也就相应减少。

龙袍，中国古代龙的图案只有皇室才可以使用

水泡眼金鱼——中国金鱼通过漫长的人工饲养变异成了一鱼百样的奇特观赏鱼

金鱼的蓝色实际上是不同程度的黑色变化

第二，中国金鱼登峰造极的发展造成一家独大。

到了宋朝，饲养和经营鲤鱼已经不受任何限制，但同时期有一种著名的观赏鱼在中国诞生了，那就是金鱼。南宋时期金鱼的祖先金鲫进入到了家化状态，金鱼在那个时期开始蓬勃发展。岳珂在《桯史》中提到："以鲫鱼最好，鲤鱼次之"，也说明当时金鲫已经被人们广为接受，而金鲤由于其颜色稍逊，没有被广泛重视。宋朝以后，金鱼的培育得到了空前的发展，在世界观赏鱼培育史上占据了最先进的地位。明代李时珍在《本草纲目》中曾引用，南朝的祖冲之在《述异记》中的记载："金鱼有鲤鲫鳅鳘数种，鳅尤难得，独金鲫耐久，前古罕知……"（《本草纲目》崇祯刻本，卷44），可以看出，唐、宋以前，作为观赏的金色鱼不但有鲫鱼、鲤鱼，还有鳅和鳘，但随着金鲫的逐渐发展完善，它已经深入民心，加之鲫鱼在人工培养过程中，出现了尾鳍变异、眼睛变异、体型变异、颜

色变异等多种模式，而其他品种的鱼仅仅停留在颜色变异一种模式上，金鱼最终演变成"一鱼百样"的完美观赏鱼，逐渐使大众淡漠了其他品种，不再进行研究培育。

第三，审美倾向的不同，导致鲤鱼不被重视。

从中国传统哲学的角度上看，虽然孔孟之道是汉以后封建王朝的国学，但内用黄老，外尊儒术，保持中庸，无为而治的思想，却在漫长的中国历史上根深蒂固，受这种哲学思想的影响，中国的主流审美逐渐从写实走向抽象，从追求形态到追求形似。道家的创始人老子曾说："五色使目盲。"庄子在《逍遥游》中说："天之苍苍，其色正耶？其远而无所至极耶？其视下也，亦若是则已矣。"这种思想又称为"无正色"观，认为人眼所看到的色都是虚无缥缈的，只有用黑白来还原其本色。这就引导中国的书画艺术发展形成了后来的水墨丹青，墨分五色的境界。中国古代的大儒认为，浓烈的各种颜色是虚幻而低俗的，高士完全可以用黑白表现所有颜色，写意的泼墨逐渐成为主流艺术，而多数工笔写实者逐渐沦为民间画匠。金鱼是中国古老审美观培育出的品种，符合追求写意的境界，比如紫色金鱼、蓝色金鱼，并不是真正的紫色或蓝色，而是不同程度的黑色渐变。锦鲤不符合中国传统的审美观，它红、黑、白太分明了，而且金色的确是黄金的颜色，蓝色也的确是明蓝色。这种纯粹的颜色，在古代中国学者看来是低俗的，不可取，也没有深远的意境，而且纯粹的颜色局限了人们对色彩的自我想象空间。

庄子

锦鲤在日本

　　现代的锦鲤一词，出现在第二次世界大战之后，之前的观赏鲤鱼名称经过了金鲤、锦鲤、色鲤、花鲤、模样鲤等五个阶段，前两个阶段出现在中国，后三个阶段出现在日本。虽然，在中国拥有最早的观赏鲤鱼和对锦鲤的最早定名权，但现代锦鲤的确起源于日本。

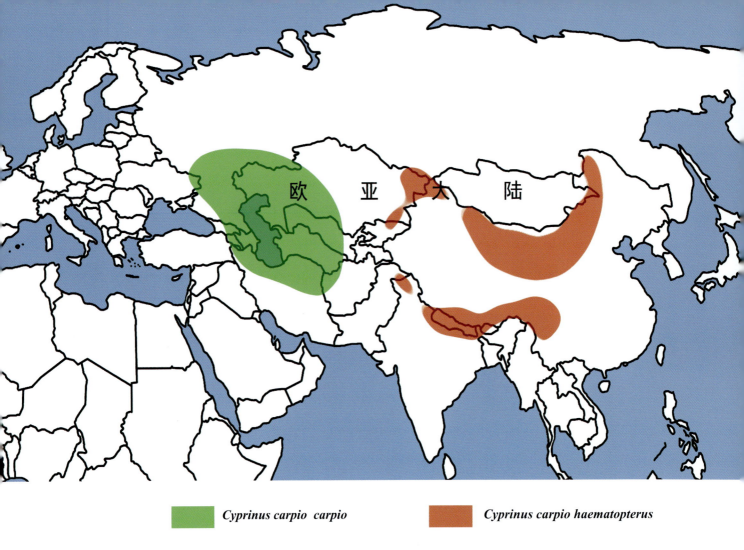

欧 亚 大 陆

绿色	***Cyprinus carpio carpio***
褐色	***Cyprinus carpio haematopterus***

鲤的原始两亚种分布图

　　据考证，鲤的原始种在日本诸岛并没有自然分布，现在世界公认的鲤的两个亚种，一种是产于欧亚大陆西部的***Cyprinus carpio carpio***，一种是产于中国的***Cyprinus carpio haematopterus***。在没有人为引种之前，鲤鱼只分布于欧亚大陆。中国的鲤鱼化石可以追溯到20万年以前，就最新的DNA研究，现代锦鲤（除与德国鲤杂交的品种外）全部由亚洲的***Cyprinus carpio haematopterus***演化而来，也就是说，日本锦鲤的三个祖先：铁真鲤、泥真鲤和浅黄真鲤同出于***Cyprinus carpio haematopterus***的后代。中国的黄河鲤鱼很可能就是这些品种的直系祖先。

　　在公元200年左右日本的弥生时代，作为以鱼米为主食的日本民族来说，鲤鱼是一种极好的蛋白质来源。它容易饲养，能大量繁殖，生长速度快，而且不用冒着危险出海捕捞，因此，一经引入便开始广泛饲养。当饲养的鲤鱼生长到30厘米左右时，稻农将它们捕捞上来用盐腌制，在持续几个月漫长的冬天里，腌鲤鱼是当地最好的美味之一。日本越后地方，即今日新潟县的山野地带，称为小千谷的地方，离海很远，冬季深雪断绝交通。有人提议利用灌溉用的贮水池塘来饲养鲤鱼，这样就开始有鲜美的鱼肉供应，不至于食无鱼，其后当地久旱而无水，就把鲤鱼移放到盐谷的千龙池，虽然距

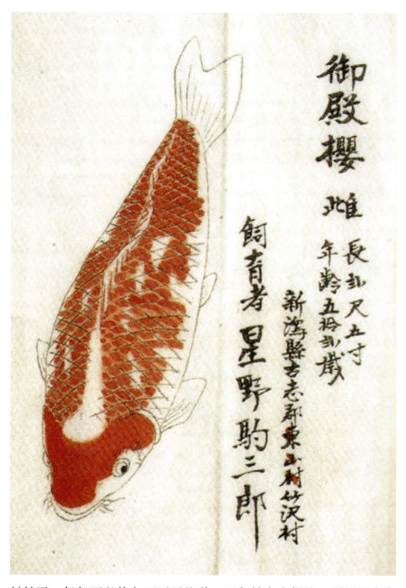

御殿樱

村较远，但仍可以使鱼不至于绝种。不久就有人提议，利用屋内空地开池饲养，这样在冬季下雪时便可平安度过。这样饲养成功后，不知不觉间，部分鲤鱼发生了变异，鱼体出现绯色或浅黄色，这就是锦鲤最早的突变个体。由于当时生物知识还没有得到普及，人们对与自然个体不同的生物都感到十分神秘，所以它最早被称为"神鱼"，后来又有称"变种鲤"、"色鲤"、"花鲤鱼"、"模样鲤"。

　　早期的锦鲤只是腹部有橘红色斑纹，这些斑纹逐渐发展到鲤鱼的背部、尾部和头部，出现了樱鲤（身上有如樱花瓣一样的红色纹路）和钵绯（头部红色的个体），锦鲤的身体也越来越白，这类鱼被称为"更纱"，是当时锦鲤的主流发展方向。从1870年开始，人们把身上有花纹的鲤鱼称为"模样鲤"或"柄物"（Gara-mono）。

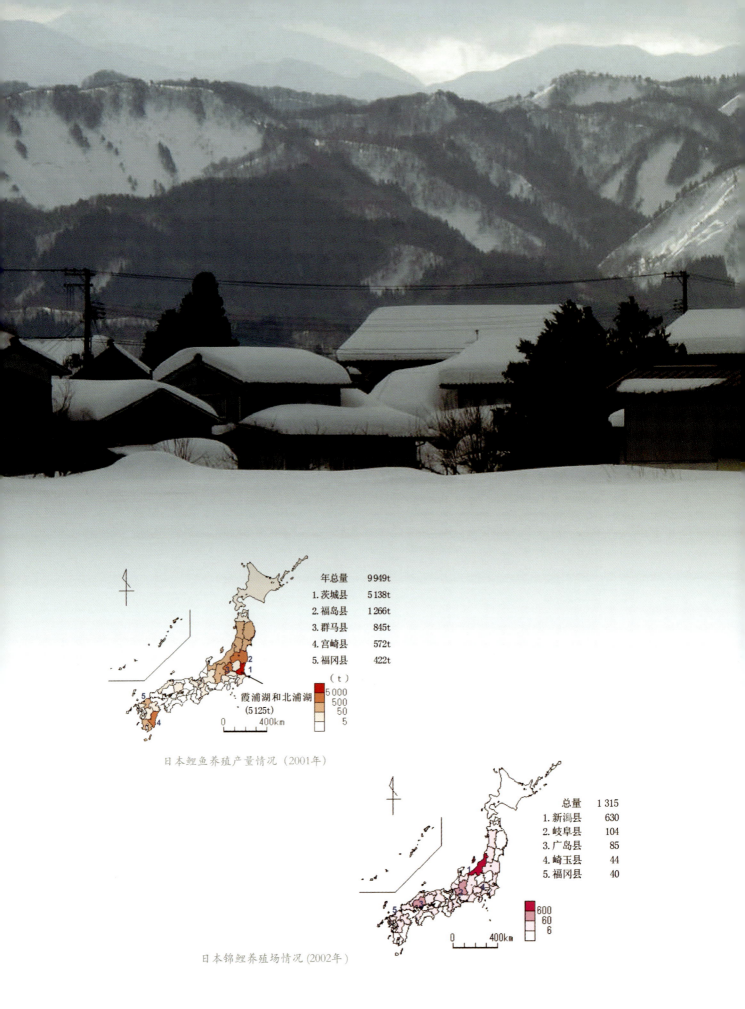

年总量　9 949t

1. 茨城县　5 138t

2. 福岛县　1 266t

3. 群马县　845t

4. 宫崎县　572t

5. 福冈县　422t

（t）

5 000
500
50
5

霞浦湖和北浦湖
（5 125t）

0　　400km

日本鲤鱼养殖产量情况（2001年）

总量　1 315

1. 新潟县　630

2. 岐阜县　104

3. 广岛县　85

4. 崎玉县　44

5. 福冈县　40

600
60
6

0　　400km

日本锦鲤养殖场情况（2002年）

010

对没有花纹的鲤鱼称为"无地物"（Muji-mono）或"素色"。到了1889年，兰木五助培育出了"五助更纱"，也就是现在红白锦鲤的原种，这标志着日本锦鲤真正诞生了。

"锦鲤"这个名字在1867年后就开始有人使用，到了1914年的日本大正博览会上，锦鲤已经出现了黄写、白写、大正三色、阿部鲤、三色、红白等6个品种，此时锦鲤一词还与花鲤、模样鲤、越后变种鲤等一起穿插使用。到了第二次世界大战结束（1945年）后，日本人认为"锦"字能代表美丽还能代表日本人刚毅的精神，从此不再使用花鲤、变种鲤等名称，现代锦鲤的名称才被统一，锦鲤也成为日本的国鱼。

日本人把锦鲤看成是艺术品，将其称为水中"活的宝石"。1938年在美国旧金山万国博览会上，日本特地选送了100尾锦鲤参展，从而第一次向世界公开展示了日本锦鲤的美姿。为把锦鲤推向世界，日本成立了"爱鳞会"，并于1968年12月在东京举办了第一届全日本锦鲤品评会，以后每年举行一次，由日本政府总理大臣亲自颁奖。时至今天，日本锦鲤的品种已达100多个。

新潟县的越后汤泽，位于日本中部靠日本海的一侧。冬季积雪非常厚，正是川端康成的小说《雪国》中所描绘的景象

世界性的宠物鱼

美国《水族箱》（*Aquarium*）杂志，在 20 世纪 80 年代曾经对锦鲤的起源做过系统的报道，据研究者的调查与考证，日本锦鲤的祖先是由当时中国（三国时期）移民带入的，现在锦鲤已经遍及全世界，美国、英国、加拿大、澳大利亚、马来西亚等国家的不少地方都成立了锦鲤协会、俱乐部，从事锦鲤比赛的筹办、业者和爱好者的交流，组织拍卖等。锦鲤不但美丽，而且较其他观赏鱼更容易与人亲近，加上 50 厘米以上的硕大身体，在欧美成为继犬、猫、鹦鹉之后的又一种家庭宠物。人们利用休闲时间精心照料自己的爱鱼，并为它们报名参加各种形式的比赛和展览活动。

英国是除日本之外第一个建立锦鲤协会的国家。英国锦鲤协会（简称 BKKS）成立于 1970 年，由一些锦鲤爱好者组成。起初，会员不足 50 人。随着锦鲤鉴赏的逐渐推广，目前该协会已经有 5 000 余名会员，并在英伦三岛的许多地方建立了分部。每年都组织展览性比赛。

英国锦鲤协会（BKKS）的标志

美国锦鲤同业会（简称 UKA），是一个专业饲养锦鲤的美国贸易协会，以公司形式存在。这个协会的宗旨是促进高品质的美国本土锦鲤的养殖和发展。他们通过联络美国各州和世界各地的锦鲤专家，来促进美国锦鲤饲养技术和鉴赏能力的提高，通过网络和杂志向人们介绍先进的饲养知识，并为商家之间的贸易搭建桥梁。通过举办锦鲤比赛，鼓励本国人用科学的方法培育出具有高度艺术性又能代表美国精神的本土锦鲤。

美国亚特兰大锦鲤俱乐部（简称 AKC）成立于 1989 年，起初由 20 个热心锦鲤事业的爱好者发起。该俱乐部是一个非营利组织，活动费用靠会员捐助，所有工作人员都是非付费性志愿者。宗旨是："致力于分享饲养锦鲤的喜悦。"该俱乐部的执行委员会由主席、副主席、秘书长、财务人员和各委员会成员组成。每届任期为两年。他们与美国各地及加拿大的 100 多个锦鲤俱乐部建立了长期合作关系，共同组织大型比赛活动，并且出版了《KOIUSA》杂志。

美国的锦鲤爱好者组织还有：阿马里洛锦鲤协会、休斯顿水池俱乐部、北德州锦鲤和花园水池俱乐部、北得克萨斯水上花园协会，Southwest锦鲤和池塘协会、德州锦鲤和奇特金鱼协会、俄克拉荷马锦鲤协会等。至今仍不断有新俱乐部涌现，足见饲养锦鲤在美国的风靡程度。

亚洲国家，除日本之外，锦鲤协会成立的都要晚一些。马来西

美国亚特兰大锦鲤俱乐部

亚锦鲤俱乐部成立于1996年，不过这个俱乐部其实是日本爱鳞会在马来西亚的一个分支机构，或者说隶属于日本爱鳞会。作为隶属分会，马来西亚锦鲤俱乐部从日本引进大量的技术资料，俱乐部的组成人员主要负责帮助本地饲养者解决鱼池建设、亲鱼培育和疾病控制等方面的问题。锦鲤爱好者可以免费参加俱乐部组织的比赛，同时俱乐部设有小型图书馆，爱好者可以来这里借阅图书。俱乐部的活动对马来西亚的锦鲤发展具有推动的作用。

此外，加拿大、澳大利亚、德国、巴西、意大利、西班牙等国都在1980—2000年间建立了各种形式的锦鲤产业组织协会。早在20世纪80年代，就有人曾提出建立国际锦鲤组织，主要负责筹办大型锦鲤展览比赛活动，但由于各国审美标准和文化底蕴不同，这个倡导至今没有成为现实。

总而言之，锦鲤已经成为一种被全世界人们高度关注的观赏鱼，其知名度仅次于金鱼。可以说，在地球的大多数角落都有了锦鲤的影子，它已经成为名副其实的世界性宠物鱼。

锦鲤在中国

　　日本锦鲤第一次输入中国是在1938年（日本昭和十三年），由东京的松冈氏将一批贵重锦鲤送给当时的伪满洲国皇帝，这也是日本锦鲤第一次输出到海外。但是，当时的中国正受到日本的侵略和压迫，因此，锦鲤根本不可能在中国得到发展。中华人民共和国成立后，国家逐渐富强，中国人民不计前嫌，于1972年与日本正式建立外交关系。日本首相田中角荣为了纪念两国友好建交，曾将一批锦鲤作为吉祥物赠送给周恩来总理。这批锦鲤交由北京花木公司养殖，由于种种原因，这批锦鲤也没有在中国生根发芽。1983年，香港的苏锷先生将国际市场正开始发展的日本锦鲤引入了中国，并在广州兴修了大型养殖场，后香港银伸有限公司与广州花木公司正式签约建立了金涛企业有限公司，从事锦鲤养殖，该养殖场是中国第一个锦鲤养殖场，它拉开了中国当代锦鲤产业的序幕。到了1997年，为庆贺中日两国恢复邦交25周年，日本著名的对华友好人士平泽要先生向中国赠送了108条日本锦鲤，该批鱼被饲养在四川省水产科学研究所。

图为20世纪80年代中国锦鲤养殖的先行人。左为许品章，中为苏锷，右为李震德。许品章、苏鄂二人合作最早在中国引进、饲养日本锦鲤。李震德曾任北京花木公司金鱼场场长，日本首相送给周总理的第一批锦鲤就养在其所工作的金鱼场

　　随后，中国锦鲤的产业如雨后春笋般发展起来。目前，我国的锦鲤产业已初具规模。养殖场不仅分布在水族观赏鱼产业发达的广东、福建、北京、天津、上海、江苏等省市，而且在湖北、四川、云南、东北等地域都有发展。各养殖场的养殖面积大小不等，小的几亩*，面积较大的达数十亩至百亩之间，还有一些数百亩乃至逾千亩的，这些养殖场有的属于内资企业，有的属于中外（港澳台）合资企业。总的来说，饲养锦鲤已经成为渔业特种经济发展的亮点。国内目前年产锦鲤鱼苗数百亿尾，并赢得各国同行（特别是日本同行）的广泛关注。日本、我国台湾和香港地区的多家锦鲤专业杂志都曾以大篇幅对

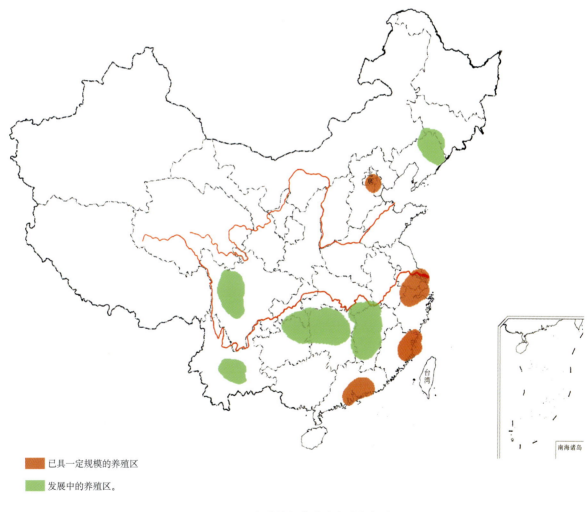

■ 已具一定规模的养殖区

■ 发展中的养殖区。

中国锦鲤养殖业地区分布图

*1 亩 =1/15 公顷。

我国的锦鲤业作深度报道；近几年日本、欧洲以及我国台湾、香港等地陆续有同行前来考察和洽商。

随着人们对观赏鱼需求量的不断增大，我国观赏鱼年交易额从2000年占全球交易额的5%增长到2009年占全球交易额的16%，约8亿美元。据不完全统计，锦鲤在国内观赏鱼交易额的比例从2000年的6%迅速增至2010年的20%左右，约合人民币12亿元。

发展锦鲤产业具有以下四个优点：

第一，产业链延伸较广。它除了锦鲤产业内部高度关联的种苗、饲料及渔药等产业外，还与水族器材、休闲娱乐、科普文化等外部产业密切相关。广泛的产业关联性，使之较传统的水产产业辐射面更广。笔者认为，锦鲤产业直接带动10个大类、100多个相关产业的发展；1名从事锦鲤养殖的农民可创造5个相关产业的就业岗位；1万元锦鲤养殖产值直接衍生出4万元相关产业产值。

第二，产品附加值较高。同食用水产品相比，锦鲤更注重色、形、态等个体特征，对锦鲤的价值评估也往往更相似于名贵猫、狗等宠物产品。因此，锦鲤的价格与一般食用鱼的价格差异很大，而且个体价格差异也很大，产品附加值高。

第三，单位面积产出较高。锦鲤养殖单位水体的产出明显高于其他水产品和农产品的种养生产，同比效益高。

第四，产业运营模式较多。锦鲤产业的特点导致了它的产业运营模式完全不同于传统的商品鱼生产，它需要整合技术、环境、文化等多重要素，集中体现在已突破传统的产品营销模式转化为文化

中国的锦鲤养殖业主
正在筛选商品鱼

营销、批发市场、零售的花鸟市场、专业会展销售、民间自发的比试交流销售、网上直销、拍卖等跨领域多式样的综合销售模式，因此锦鲤产业的发展具有很强的市场竞争力。

但是我国锦鲤的养殖生产和鉴赏都处于初始阶段，还存在着诸多问题，可谓："赏者还不怎么会赏，养者亦不太会养。"

首先，国内生产的大多数锦鲤档次较低，造成这种现象的原因突出表现在

目前国内所产锦鲤品质一般

以下三点，第一，病害问题：病害基础研究薄弱，缺乏锦鲤主要疾病的防治方法，面对逐年增加的病害，难有快速有效的解决措施；第二，养殖技术问题：目前锦鲤养殖多采用传统的食用鱼养殖方法，没有专门的适合观赏性状发展的养殖模式和养殖技术，造成商品鱼品质普遍较低；第三，营养问题：营养学研究基础薄弱，缺乏对锦鲤营养参数、消化生理、增色剂与体色的关系等方面的了解，缺乏适合锦鲤生长、增色的专用饲料。

其次，国内锦鲤爱好者数量发展缓慢。在世界范围内，生产多集中在乡村地区，但消费主要集中在大型城市。在经济高速发展的中国，大城市开发迅速，人口密集度很大，绝大多数人居住的都是单元楼房，没有自己的庭院，这使得中国爱好者欲养锦鲤而无空间。锦鲤是大型温水性观赏鱼类，虽然幼苗阶段能在水族箱中暂时饲养，但成年以后还是需要更大的池塘空间，而且锦鲤的生长、发色与饲养环境有很大的关系，只有生活在幽静凉爽的池塘中的锦鲤，才能最终展现优美的体态。因此，在发展锦鲤产业和推广锦鲤爱好者上，国内还需要一段时间。

再者，锦鲤的繁育、养殖并不困难，但培育出一条花纹漫衍漂亮、色质油润光彩夺目的优质锦鲤，则是一件颇为困难的事情。

大量应当被淘汰的鱼苗
在国内仍然被养大后按重量出售

每对亲鱼每次产卵可达10万到60万尾 经筛选分级后的情况

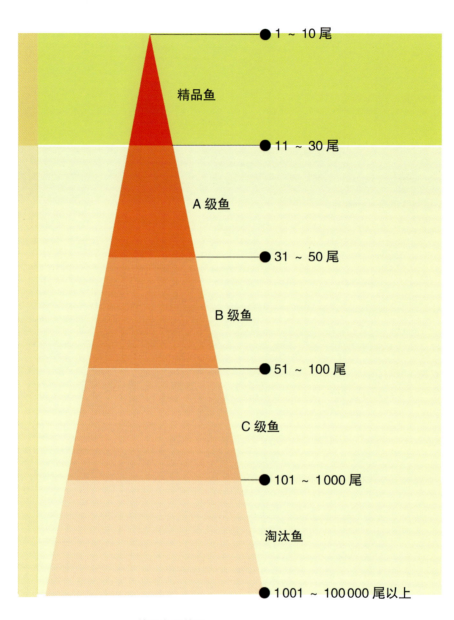

● 1～10尾

精品鱼

● 11～30尾

A 级鱼

● 31～50尾

B 级鱼

● 51～100尾

C 级鱼

● 101～1000尾

淘汰鱼

● 1001～100 000尾以上

锦鲤分级情况

因为锦鲤是由鲤鱼基因突变产生的，品种的遗传不稳定，导致后代的优劣差异很大。目前，市场上优质锦鲤和普通锦鲤的售价相差很大，例如10～15厘米体长的普通锦鲤，在观赏鱼批发市场售价通常是10～20元/kg，相同规格的优质锦鲤每条售价则可达100～1 000元，如果出口欧美则价格更高，而且锦鲤达不到A、B级，根本不能大量出口，可见培育优质品种和劣质品种的差异。

锦鲤的亲鱼

但还应看到，我国是一个水产养殖的大国，具有悠久的渔业生产历史，淡水养鱼已经有上千年的历史，世界上最早的养鱼专著《养鱼经》就诞生在中国。当前中国水产养殖技术居世界前列，我们完全可以借鉴，并融会贯通各种水产养殖技术。例如鲤鱼的饲养，在中国一直处于蓬勃发展的态势，江西的荷包红鲤、兴国红鲤，广西的龙州镜鲤，湖南的团鲤等，在中国至少也有上百年的人工养殖历史。在学习日本先进的锦鲤养殖技术的同时，如果能融会国内传统的养殖经验，必然能培育出更高品质的锦鲤，并探索出一条具有中国特色的锦鲤生产路线。

范蠡所著《养鱼经》是历史上最早的淡水养殖著作

近几年，全国各地相继成立了各种形式的锦鲤俱乐部，且各地渔业管理、研究部门和各种社团组织的锦鲤比赛也层出不穷。中国水产学会观赏鱼分会、北京市水产科学研究所、广东省水族协会、广东省锦鲤同业会等单位近几年为推进锦鲤文化事业的发展，每年

021

首届北京市中国金鱼、锦鲤大赛暨鉴赏会

都在北京、广州等地举办锦鲤大赛，而且规模越来越大，参观人数已从一开始的十余万人次，发展到现在的几十上百万人次。在大赛期间，参赛鱼有几百到数千尾，而且还聘请日本、马来西亚、中国香港地区和国内各地的有关专家担任评委，并开展学术论坛，不仅专业学者间可交流、学习，而且对培育市场、增加市民对锦鲤的认识也起到积极的作用。

锦鲤在中国的发展虽然仅仅是个开始，但由于中国人民勤劳智慧，淡水养殖历史长，经验丰富，时至今日，锦鲤的养殖已经取得了一定的成绩。加之，中国人自古就对鲤鱼有特殊的喜爱，往往用"鲤鱼跳龙门"的比喻，去形容人们的飞黄腾达，官运亨通。

广东、港澳等地信奉以水为财，于庭院或阳台养鲤已成为一种时尚。养殖锦鲤不但能怡情养性、美化环境，而且只要具备正确的鉴赏眼光和饲养方法，以低价购进的有前途的中小锦鲤，经过培育，若能在比赛上获奖则身价倍增，不但可以让人享受饲养与玩赏的乐趣，还可以保值增值。有了这些优势，相信不需几年，中国的锦鲤产业就会飞速发展起来。

中国广州举办的第二届亚洲锦鲤大赛

北京市水产科学研究所成立于 1958 年，1999 年经国家科技部批准建立了"国家淡水渔业工程技术研究中心"，为市属公益型事业单位。

北京市水产科学研究所于 20 世纪 80 年代涉足观赏鱼研究领域，紧紧围绕观赏鱼的产业提升和可持续发展，在观赏鱼繁养殖技术、种质资源与工程育种、营养与病害防治等方面开展了许多创新性的研究，具有雄厚的技术实力和骄人的科研成绩。1998 年，中国水产学会依托北京市水产所建立观赏鱼研究会，后于 2003 年更名为中国水产学会观赏鱼分会，现在全国各地已有近 5 000 个会员。1992 年，北京市水产科学研究所开始引进锦鲤，2006 年经农业部批准，建立了全国唯一的国家级锦鲤良种场；2009 年，整合国内外优势科技资源，建设了国家唯一的北京市现代农业产业技术体系观赏鱼创新团队，以产品为单元，以产业为主线，以北京市观赏鱼产业提升为目的，运用现代生物学技术开展观赏鱼繁殖、选育、营养与饲料、病害防治等方面的研发。为北京市都市型现代渔业、休闲渔业、富裕三农做出了巨大贡献，同时也为北京建设世界城市做出应有的贡献。

锦鲤的前沿科学研究

锦鲤是现今最受欢迎的大型高档观赏鱼之一，其欣赏价值主要是其艳丽的色彩和变幻莫测的花纹。最近几十年来，我国在锦鲤的遗传育种、营养饲料、疾病防治等方面做了大量的工作，并取得了许多科研成果。良种选育是提高锦鲤品质的有效途径，除传统的杂交育种和选择育种外，突出表现在分子标记辅助育种上；雌核发育技术的成功应用，为研究锦鲤色斑遗传调控机制提供了潜在的价值；也不难预测基因工程在锦鲤选育方面的应用将成为必然趋势。PCR、核酸杂交、基因芯片及 DNA 疫苗的制备等现代生物学技术的应用，大大提升了我国在锦鲤营养饲料、疾病防治等方面的科研水平。

一、锦鲤育种技术的研究

　　锦鲤是鲤鱼的一个自然突变种，经长期的人工培育产生了各种色彩斑斓的体色和多姿的图案，就其色彩和斑纹可分为 200 多种。锦鲤不同于其他观赏鱼，就其色彩图案而论，是一种极不稳定、变异性很大的品种，没有任意两条锦鲤的斑纹是相同的。而锦鲤是以其不同的颜色在鱼体不同部位分布以及图案形状，来评价该鱼的优劣以及鱼本身的价值。

　　在锦鲤的育种中常采用杂交、自交、侧交等方法，由于遗传配组的需要，建立了种内的血缘系统，在较多血缘系统中，较为典型的血缘系统有三种，即红白、大正三色、昭和三色。这三种血缘系统的鱼自交，后代变异性很大，很难预测杂交子代的花色。

　　由于目前对锦鲤的色素遗传机制尚不清楚，所以必须从数以百万计的苗种中挑选出几条极具观赏价值的个体。以昭和三色为例，雌性（♀）昭和三色与雄性昭和三色（♂）配组繁殖的子一代（F_1）出现昭和三色的几率通常在 40%，这 40% 的昭和三色的各种色斑在鱼体出现的部位也不确定，所以后代的淘汰率非常高。因此，通过生物技术手段探讨锦鲤色素遗传机制，定向培育优良新品种成为锦鲤研究的焦点。

1. 家系选育技术研究

　　家系选育技术是从一雌一雄选种选配后建立家系开始，在其后

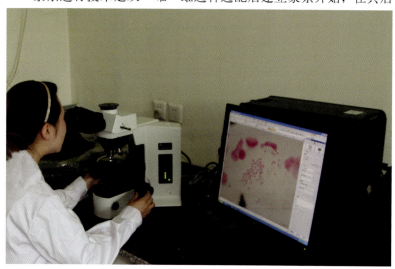

锦鲤染色体的显微观察

代中一代一代进行高度的近亲杂交，以累代实行严格的全同胞杂交为基础，依据个体表现型值，兼顾家系平均值，运用 BLUP 方法估算育种值，再来进行选择留种和选配。

借助 PIT 标记技术，建立数十个锦鲤家系，通过定期测量各家系所有个体的体重、体长和体高等可量性状，运用 BLUP 法对各家系的生长等数据进行数量遗传学分析，得到各家系每一个体的估算育种值，然后按估算育种值的大小和不同家系背景进行下一代亲本的配对、繁殖，得到下一代的选育家系，继续按上述方法进行遗传改良。这样经过严格的 2 ~ 3 代家系和个体选育，便可获得锦鲤新品系。

2. 雌核发育技术的研究

锦鲤育种亟须解决的问题是揭示锦鲤色斑遗传的调控机制，人为控制锦鲤的色斑遗传。而纯合的品系有利于构建基因图谱，可提高分析质量性状遗传的成功率。因此培育锦鲤的纯合品系，既可选育一些具有优良性状的锦鲤用于以后的生产繁殖，又可获得研究锦鲤色斑遗传调控机制的试验材料。人工雌核发育是一种有效的产生锦鲤纯系的手段，而且在锦鲤染色体操作、遗传分析以及性别控制等方面具有潜在的应用价值。雌核发育是鱼类一种重要的单性生殖方式，与孤雌生殖、两性生殖不同，雌核发育过程中需要近缘种精子进行激发卵子发育，但精子只起激活卵子作用，是一种无融合或假配合的生殖方式。人工诱导雌核发育，即对精子处理使其遗传物质失活、再用遗传失活的精子人工诱导卵子发育，随后诱导被激活

雌核发育诱导中的精子紫外灭活

卵的染色体二倍化，从而实现两性繁殖物种的雌核发育。

3. 分子标记辅助育种技术的研究

分子标记辅助育种技术是近年来发展起来的一种育种新技术，它是根据与某一性状或基因紧密连锁的标记的出现推断该基因或性状从而进行选育，它是在 DNA 水平上而不是根据表型进行选择，因此可以提高选择的准确性，早期鉴定具有优良性状的个体，筛选优良亲本，从而加快育种进程，缩短育种周期。分子标记作为家系选育手段是分子标记辅助育种最为成功的地方，在沟鲶和虹鳟都有成功的选育结果。我国已建立了鲤等几个主要养殖种的遗传连锁图谱，鉴定了一些重要性状的相关基因和候选基因，开发了大量可用于分子育种的共显性分子标记，其中鲤的微卫星克隆超过 3 000 个，已鉴定出多态性微卫星标记 200 多个，鲤可用于育种研究的标记有 60 多个，这在锦鲤的选育技术中将得到广泛的应用。

4. 基因工程技术在锦鲤育种中的应用

基因工程是现代生物技术的核心，它在生物技术中占有重要地位并起着重要作用。基因工程是指利用生物技术手段，操纵、改造和重建细胞的基因组，从而使生物体的遗传性状发生定向变异，转基因技术是基因工程进一步发展的必然趋势。通过应用基因工程技术，可以得到锦鲤基因转移的有用基因，包括生长激素、体色基因等，将这些基因导入锦鲤受精卵具有改良其特性的潜力，可用于促进生长、改变体色等，这在锦鲤的定向育种方面具有重要的意义。

```
CACGGTCTCCGATCTTCCCAACGGGCCGCAGTACCCACATTCAGGGCTGGATGACCGC
GAGCGCTGGCCTCTGGTGTTCTACAACCAAACCTGCCAGTGCGCCGGAAACTACATGG
GGTTCGACTGCGGCGAGTGCAAGTTTGGTTACTTTGGCGCCAGCTGCGGGGAACGACGG
GAATCTGTGCGCAGAAACATCTTCCAATTATCCGTGTCTGAGAGGCAAAGGTTCATCT
CGTACCTCAACCTCGCCAAAACTACCATCAGCCCCGATTATGTGATCGTGACGGGCAC
GTATGCGCAGATGAACAACGGCTCGACGCCCATGTTCACCGACATCAGCGTGTACGAT
CTGTTCGTCTGGATGCACTATTACGTGTCCCGTGATGCGCTGCTCGGGGGTCCCGGGAA
CGTGTGGGCCGACATTGACTTTGCGCACGAATCAGCCGCGTTTCTGCCCTGGCATCGCG
TTTACCTGCTGTTCTGGGAGCATGAGATCCGGAAGCTGACCGGTGACTTTAACTTCACC
ATCCCTTACTGGGACTGGCGTGACGCTCAGGACTGTCAGGTGTGCACGGATGAGCTGAT
GGGGGCGCGCAGTCCTCTCAACCCCAACCTCATCAGCCCGTCCTCGGTGTTCTCCTCCT
GGAAGGTGATCTGTTCACAACCCGAAGACTACAACCAGCGTGAGGTTTTGTGTGACGG
GTCTCCAGAGGGACCGTTACTGCGTAATCCAGGAAACCACGACCCAAACCGTGTCCCG
CGGCTGCCCACCTCCGCAGACGTGGAGTCAGTGCTGAGCCTAACAGAGTACGAGACGG
GTCTGATGGACAGAAGCGCCAACATGAGCTTCAGGAACGCTCTGGAAGGTTTTGCGAG
TCCTGAGACGGGGCTGGCAGTAACGGGGCAGAGCTTGATGCACAACTCCTTACACGTC
TTCATGAACGGATCCATGTCTTCAGTGCAGGGATCCGCCAACGACCCCATCTTCCTTCT
ACATCATGCCTTCATCGACAGTATCTTTGAGCAATGGCTGAGGAGACGCCAGCCCCTCC
GCACACACTACCCGACAGCCAACGCCCCGATCGGACACAACGACGGCTTTTACATGGT
CCCCTTCATCCCTCTGTACAGAAACGGGGATTATTTCCTCTCGACTAAAGCTCTGGGA
TATGAATATGCATATTTACAGGACCCAAGTCAGCGGTTTGTGCAGGAGTTTCTGACGC
CGTATCTAGAGCAAGTTCAGCAGATGTGGCACTGGCTGCTGG
```

测得的与锦鲤体色相关的酪氨酸酶基因序列

二、锦鲤营养与饲料的研究

传统的营养与饲料学都属于营养调控的范畴。然而，随着科技发展和产业需要，营养调控已经超越传统的仅仅对养殖产量的追求，现在的目标更加多元化，要求调控更加精准化。

1. 锦鲤亲鱼繁殖性能的营养调控

在生产实践中人们发现，亲鱼对营养素的需求与处于生长期的鱼苗、鱼种和育成阶段不尽相同。亲鱼的营养对提高产卵量、卵和仔鱼质量以及仔稚鱼生长与存活等具有重要作用。对亲鱼的营养强化有助于提高其繁殖性能。为了获得大量的优质苗种，亲鱼的培育显得尤为重要。但由于缺乏必要的室内和室外养殖环境，以及饲养亲鱼的高成本等原因，亲鱼营养是目前鱼类营养研究中涉及最少的领域。锦鲤作为优质观赏鱼品种之一，其亲鱼的繁殖性能直接影响到优质子代的数量与质量，但有关锦鲤亲鱼饲料营养对其繁殖性能的影响方面的研究目前在国内还未见报道。我们的研究表明在锦鲤亲鱼饲料中添加一定量的高度长链不饱和脂肪酸 EPA 和 DHA 及 V_c 对锦鲤亲鱼的繁殖性能及早期幼体质量都有重要的调控作用，能显著改善繁殖力、受精率、孵化率和仔稚鱼的质量。

2. 锦鲤品质的营养调控

对锦鲤而言，体色是影响其市场价格的主要因素，因此，如何提高体色的观赏价值是锦鲤研究的重点之一。研究表明营养与饲料

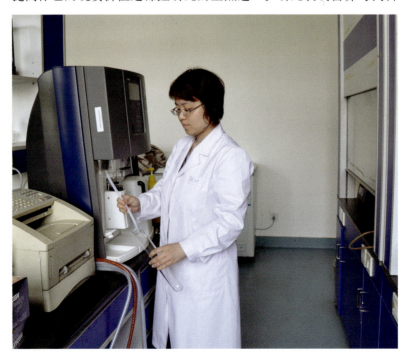

饲料蛋白检测测定

对锦鲤颜色、外观、质地等有直接的影响。锦鲤可利用类胡萝卜素作为肌肉和皮肤的着色剂，但是其自身不能合成这些色素，只能从食物中获得，所以需要在饲料中添加各种色素来增加锦鲤的体色。北京市水产研究所与北京科技大学合作开发了一种富含红法夫酵母的天然增艳物质，并采用微波处理的方法对该酵母进行诱变，使胞内外水分子同时产生剧烈转动，使DNA分子氢键和堆积力受损，最终引起DNA分子结构变化，诱导其发生遗传变异，从而大大提高其虾青素含量，增强了该天然增艳物质的增色效果。在池塘养殖锦鲤的饲料中添加该物质后，对锦鲤的体色有显著的改善作用。

3. 开展分子营养学研究，开发精准营养调控技术

水产动物分子营养学是指采用分子生物学相关技术研究水产动物营养素与基因及其表达之间的相互关系，揭示其内在分子机理的一门新兴的学科。对于锦鲤而言，可从以下几个方面进行研究：①探讨包括色素物质在内的营养素对基因表达的调控作用及调节机制，从而对营养素的生理功能进行更全面、更深入的认识；②利用基因表达的营养调控改变机体代谢，利用营养素促进对锦鲤品质有益基因的表达；③遗传变异或基因多态性对营养素消化、吸收、分布、代谢和排泄的影响；④营养素需要量存在品系差异的遗传学基础最终实现锦鲤品质的精准营养调控。

三、锦鲤病害防治技术研究

随着病害研究的不断深入，有必要引入先进的分子生物学技术，从而使病害研究的手段更加完善，使研究结果更加精确。分子生物

鱼病的无菌操作

学技术正在成为研究水产动物病害的一个重要手段。

1. DNA 分子标记技术

分子标记是以个体间遗传物质内核苷酸序列变异为基础的遗传标记，直接揭示来自 DNA 的变异。分子标记的发展对动物遗传学产生了革命性的影响，利用分子标记可以快速直接地观察和探究到整个基因组的基因变异。应用于水产病害的主要有三种标记：RFLP 标记、AFLP 标记以及微卫星标记。RFLP(restric fragment length polymorphism) 即限制性片段长度多态性，限制性酶可识别 DNA 上较短的序列，在识别位点上切开 DNA，单个核苷酸的变化即可导致限制性酶切位点的缺失和增加，总 DNA 酶切后产生限制性酶切多态性。然后可与 DNA 探针或其他技术相结合对病原菌进行检测和鉴定。AFLP(amplified fragment length polymorphism) 是扩增片段长度多态性技术，是建立在 RFLP 基础上的选择性 PCR，可产生丰富而稳定的遗传标记，被认为是一种理想有效的分子标记技术，可用于了解鱼类致病菌的种内差异，对采自不同地区的同一类病原菌进行了研究，为深入研究该菌引起的鱼类流行病提供了资料。而微卫星标记是共显性的分子标记，能够揭示等位位点的遗传差异，具有 RAPD 等标记所无法比拟的稳定性，可以通过基因图谱详细了解控制那些有价值的抗病性状的位点组成和表达调控机制，以便于操纵这些基因，更有效地避免一些病害的暴发。

2. PCR 及其相关技术

PCR 又称 DNA 体外扩增技术，其原理是通过设计核苷酸引物，

核酸蛋白分析

在特定条件下使其与模板 DNA 相结合，并进行扩增。PCR 及其相关技术相继被应用于各种疾病的诊断，与传统诊断方法相比，具有灵敏度高、反应快、操作简便等优点。应用于锦鲤病害的诊断中，可迅速而且直接地从样品中检测到病原体，尤其是对于一些需复杂营养条件的微生物病原体更为适用。

3. 核酸杂交技术

核酸杂交技术即一个核酸单链与另一被测核酸单链形成双链，以测定某一特定序列是否存在的技术。核酸杂交技术在锦鲤病害研究中已有应用，特异性的核酸探针杂交是鉴定病原体有效的方法，主要用于病毒病的检测。

4. 16S rRNA 技术

以 16S rRNA 基因为基础，结合 cDNA 扩增技术，近年来发展出一种新的分子生物学手段，即通过对 16S rRNA 基因的 DNA 序列分析，可以分析细菌的种类信息。这一技术已经逐渐成为微生物分类和鉴定中非常重要且有用的指标和手段。

例如在对锦鲤溃疡病进行病原菌鉴定时，即采用了 16S rRNA 技术，对确定的病原菌进行了 16S rRNA 基因序列的 PCR 扩增与

锦鲤的 RNA 提取

测序，在获得菌株 16S rRNA 基因序列后，构建了 16S rRNA 基因序列系统发育树，并结合形态特征与生理生化测定结果，最终确定该致病菌为维氏气单胞菌（*Aeromonas veronii*）。

5. 基因芯片技术

利用基因芯片技术，不仅可以在 DNA 水平上寻找和检测与疾病相关的内源基因及外源基因，而且可以在 RNA 水平上检测致病基因的异常表达，从而对某些疾病作出检测，对疾病抗药性作出判断，具有高亲合性、高精确性、高灵敏性、操作简便、结果客观性强等优点。目前该技术在锦鲤疾病诊断与治疗中的应用刚刚起步，今后将成为一个重点发展方向。

6. DNA 疫苗的制备

对于锦鲤病害防治的研究，制备高效的免疫疫苗也是解决问题的方法之一。当前对于锦鲤病毒性传染病的预防主要是依靠疫苗接种，随着分子生物学的发展，产生了许多具有良好应用前景的新型疫苗，核酸疫苗就是其中最为热门的研究方向之一。其原理是将核酸目的基因（病毒中转录抗原蛋白）导入宿主细胞，在真核表达系统的调控下表达抗原蛋白，诱导机体产生免疫应答，达到免疫效果。目前已有针对锦鲤鲤春病病毒(SVCV)的 DNA 疫苗，这种疫苗在使用初期会引起短暂的非特异性抗滤过性病原体阶段，之后则可起到长期特异性的保护作用。

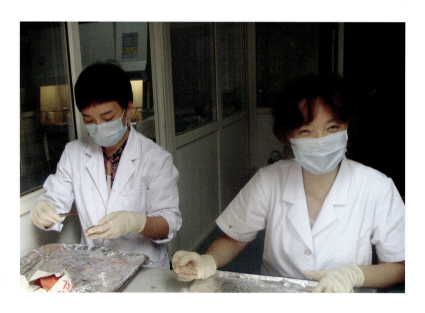

免疫学研究

锦鲤群游图

锦鲤的未来

　　锦鲤已经不仅仅局限在日本发展，在观赏鱼贸易高度发达的现代，它已经走向了全世界。在世界六大洲（除南极洲）的许多国家都有锦鲤爱好者，也都有各种规模的锦鲤养殖场。但我们要看到，由于世界各地的民俗文化、艺术审美不同，锦鲤现有的品种，多数是按照日本民族的审美鉴赏标准培育出来的，并不完全符合其他国家和地区人民的审美习惯。比如说，中国人崇尚金色和全红色的鱼，

产于中国的长鳍锦鲤
在欧美大受欢迎

而在日本黄金锦鲤的培育主要用来与其他鱼杂交，而全红的赤无地被看成没有观赏价值的废品；在美国，人们更喜欢中国培育的长鳍锦鲤（龙凤鲤），认为这种鱼非常飘逸洒脱，代表了东方古老的哲学思想，而日本则将长鳍的锦鲤视同次品而淘汰；缺少鳞片的锦水和秋翠受到欧洲爱好者的关注，而在日本少鳞系（德国鲤）的鲤鱼很少在品评会上获得大奖；日本人认为红白的绯盘呈现出橘红色底质是完美的表现，而呈现出紫红色则品位不高，欧洲人恰恰相反。因此，未来锦鲤的发展必然是一个多元化的态势。

由于锦鲤多数品种基因性状不稳定，因此，当它们传播到世界各地后，往往容易被当地人按照自己的审美标准进行改良，中国的龙凤鲤、德国的画鲤就是典型的代表。随着科技的不断发展，新的技术被运用到了锦鲤的品种培育上，日本福井县丸岗城的养鲤场的科技人员通过基因工程技术培育出了罕见的蓝色锦鲤，轰动了全世界。未来，随着基因工程的不断深入，培育出新、奇、特锦鲤将成为现实。

现今，全世界有许多养殖者和爱好者正在尝试用锦鲤和本土鲤鱼进行杂交，培育出更具本国风味的观赏鲤鱼。中国的苏锷先生、美国的 A.D Koning 等就是这方面的典范。在当今世界，城市化节奏加快，许多人选择用水族箱饲养观赏鱼，而不是用池塘，特别是在亚洲的发展中国家，城镇人们大多没有庭院，只能在房间中用水族箱养鱼，日本锦鲤的培育完全是为了在池塘欣赏，如果放入水族箱中则看上去臃肿而不美。随着水族产业的发展，锦鲤很有可能走向一个新

适合在水族箱中侧面
观赏是锦鲤未来发展
的一个方向

的培育领域，那就是培育出适合在玻璃鱼缸中欣赏的锦鲤，这
必然是锦鲤今后发展的一个方向。

虽然日本是现代锦鲤的发祥地，但要看到，中国和美国的
锦鲤产业正突飞猛进的发展，尤其是中国。中国的水族产业虽
然 20 世纪 80 年代才开始发展，平均比世界发达国家晚 20 年，
但由于中国国土资源广阔，从事水产养殖的人员较多，现在中
国水族箱和水族电器的出口数量达到了世界第一，观赏鱼的出
口也位列前茅。中国的海洋馆是从 1990 年后才逐渐发展起来的，
但现在中国海洋馆的数量位居世界第三，仅次于美国和日本。
所以，锦鲤产业在中国很容易成为较有规模的产业，并且有中
国特色的锦鲤很可能会影响到世界对锦鲤的看法。

地区性标准锦鲤品评会也是一个未来可能要发展的趋势。
目前全世界大多数国家和地区在锦鲤比赛上所使用的评判标准
基本参考日本的标准，就连分类也大多参照日本爱鳞会的十三
大类分类法。但要在一个国家和地区推广锦鲤文化，促进更多
的人爱好饲养锦鲤，就必须能让最不了解锦鲤的人也觉得在比
赛中所评选的锦鲤十分美丽，这一点就必须考虑该地区人民的
审美趋向和鉴赏标准。因此，我们相信，不远的将来各国都可
能在日本评判标准的基础上出台具有本国特色的锦鲤评判标准，
并且根据这类标准来评选地区性优秀锦鲤。

锦鲤作为一种优雅美丽的观赏鱼一旦被全世界人们彻底接
受，那么其贸易量将会跃升到世界观赏鱼贸易的前列。虽然，
在当今的观赏鱼贸易中，产自南美洲的霓虹灯鱼、神仙鱼和中
美洲的孔雀鱼位居排行榜前列，但要看到，如果单从欣赏来看，

这些鱼和锦鲤不相上下，但锦鲤的不同意义在于，它同时具备了观赏鱼和宠物的双重特征。品质优良的锦鲤如饲养得当，极通人性，可以在人的训导下进食，甚至和人做简单的条件反射游戏，这极大地提高了饲养者的乐趣，与其他观赏鱼相比占有很大优势。

相信不久的将来，锦鲤这一优秀的观赏鱼一定会给全世界人民带来更多乐趣。

锦鲤在人工驯化下可以从奶瓶中获取食物

第二章
锦鲤的分类鉴赏

　　锦鲤隶属于辐鳍鱼亚纲、鲤形目、鲤科、鲤属、鲤，在生物分类学上与鲤鱼属于同一物种，是鲤鱼经过数百年的变异和人工培育而成的花纹迥异、色彩斑斓的个体。

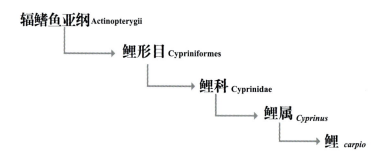

辐鳍鱼亚纲 Actinopterygii

　　　　　→ **鲤形目** Cypriniformes

　　　　　　　　　→ **鲤科** Cyprinidae

　　　　　　　　　　　　　→ **鲤属** *Cyprinus*

　　　　　　　　　　　　　　　　　→ **鲤** *carpio*

锦鲤的基本鉴赏方法

鉴赏锦鲤并没有一种教条固定法规可以遵循，因此只存在基础鉴赏原则，不存在绝对的好坏之分。锦鲤的鉴赏随着锦鲤品种的发展而发展，但最终要符合大众的审美习惯。鉴赏的基础标准在协调、和谐，但在锦鲤比赛上另有不可忽视的所谓"衡量尺度"。例如：所谓的"红白的五难"的额度基本论，即下述5种条件作为红白鉴赏之基本准绳。

1. 红白色必须鲜明；

2. 斑纹周边境界清楚；

3. 眼睛及鳍不可有绯红或染红；

4. 斑纹不可出现在体高一半以下（下腹部位）；

5. 斑纹应在鼻端及尾根部均有切断。

上述5种条件对色彩规定有一项，对花纹规定有四项。体型姿态为最重要的要素，却无一提及，仅仅提到质地及花样而已。制定此一规定的时代，可能尚无大型巨鲤，所以体型并不重要，随着锦鲤的不断发展，应该追加列入体型之"难"。事实上，现在的评审基准是体型占50%，质地占30%，花样占20%。"红白五难"的鉴赏基本条件自然应修改。

业余爱好者，第一眼通常都受到锦鲤花色的吸引。锦鲤的魅力在于每一尾的花色都不同。无论任何斑纹，观赏者都别有所好，正所谓"萝卜青菜各有所爱"。正像人们所说，花色有好恶之分，但没有好坏之别。

下面我们分别从体型、色质、花纹、游姿、个体大小五方面介

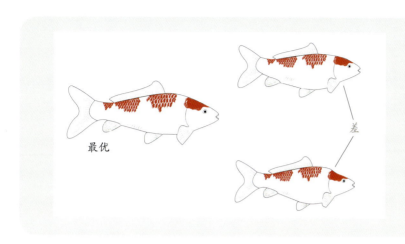

最优

差

不同体型的幼鱼中弓背的个体，未来成长为巨鲤的可能性最大。

绍锦鲤的基础鉴赏。

一、良好的体型

在鉴赏锦鲤中，备受重视的是体型。没有良好的体型，花纹再好也不会是一条优质锦鲤。而良好的体型听起来很简单，其实它的学问却非常的深奥。要在一群锦鲤中把体型最好的找出来，相信稍微有一点欣赏经验的人都能办得到，问题是这条被认为是最佳体型的锦鲤和另外一组锦鲤比较的话，就有可能它是最差的一尾了。所以说在没有广泛比较之下去鉴别，还是需要有相当的经验。那么体型要如何去鉴别它呢？

当然是从头到尾了。首先要看它的眼睛的距离。两只眼睛之间的距离是否够宽，两眼相隔较宽距离的锦鲤通常都会长得比较大；其次看胸鳍的基部一直到吻端，也就是头部的长度够不够长；再看眼睛和嘴巴的距离会不会太短，如果这个部位太短就会形成三角形的头，这是很不理想的。鱼的吻要厚一点，吻薄的锦鲤想要养成大型鱼是很困难的。胡须也不能太小，不过锦鲤往往会因为惊吓时的冲撞或被寄生虫感染时的摩擦而使胡须受损，再生的胡须便会短小，所以这个部位只提供参考。最后要注意的是头部两边的脸颊是否均匀丰满，头顶一定要饱满；头顶扁平的锦鲤不理想。

具有经验的爱好者都能看头部形状而判断出其血统。从以往的图像上看，过去的锦鲤头部形状多为三角形或是头型较小，近年由于仙助血统登台而使脸部宽的锦鲤增多了。仙助血统之宽大脸部称为"御多福"，很容易识别。另外还有头部形状细长的比如松之助三色。

赏锦鲤时讲究"入而流，受而止"，这是指观察过程而言：即由头部引导进入，详看至尾部一连贯的演变。此时，自头部至背部形状将决定整体体型好坏的70%，因为前半部不平衡的话，"入而流，受而止"的一连贯流线都受到影响。

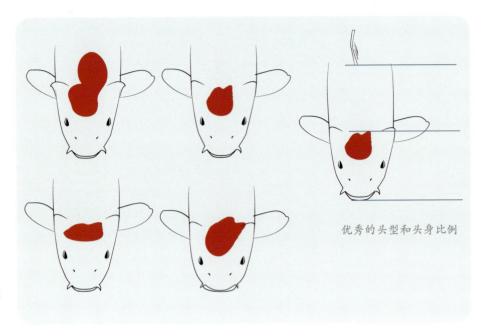

优秀的头型和头身比例

各种头型

接下来是胸鳍，胸鳍会因系统之不同而有不一样的形状，原则上太小、太尖或三角形的胸鳍都不算好。另外在游动中胸鳍往前划动的幅度太大，看起来很吃力的样子，表示这尾锦鲤的健康可能会有问题。身体从胸鳍到尾柄这一段体型一定要很顺畅，没有突然隆起或凹陷。尾柄粗壮，从尾柄也可看出一尾鱼的体格和发育是否良好。由上往下看鱼体要有适当的宽度之外，也一定要有适当的侧高，虽然说侧高也会因系统之不同有所区别，但它的最高点应该要在背鳍前一点的地方。如侧高最高点是在背鳍的中间，看起来像驼背的样子是不合格的。体型最后是尾鳍部分。

尾鳍虽然很薄，但还是要让人有深厚有力的感觉，最好不要太长，尾鳍的叉型凹处也不要太深。总之良好的体型是优质锦鲤的基础，有良好的基础才能寄望培育出一条优质的锦鲤。

购买小锦鲤时，并不以性别来决定。1龄鱼不能十分正确地判断出雌雄。要挑体宽和体长符合一定比例，且鳍较薄，背部呈弓状的购买。通常这种条件下雌性鱼的可能性较多。而且成长为巨鲤的几率较高。

二、优质的色质

锦鲤作为观赏鱼，体色是观赏的一个非常重要的方面，鱼体颜色的质量，理所当然地成为鉴赏优质锦鲤的一个重要标准。

如何去评定色质的好坏呢？

首先是色纯、浓厚且油润。如果色不纯，有杂色，就不是高品质的颜色；而色薄即颜色很浅，就很难体现出其艳丽，具有这种色质的锦鲤也一定不是高质量的锦鲤；有些色斑虽然色纯而浓厚，但在色斑中显露出底色而形成俗称"开天窗"者，这也不是高质量锦鲤应具有的色质；色质油润，则体现出色的光泽，色浓厚而显油润，则更显其色彩艳丽，如色泽淡暗无光泽，则显不出其艳丽色彩，所以同样不是高质量锦鲤应具有的色质。

其次由于锦鲤血统不同，品系不一样，其色的深浅厚薄也有所不同。例如在红白类中，大日系统的红白，其红斑色带橙，显得比较鲜艳明亮；而仙助系统的红白，其红斑则比较浓厚而色深，显得较暗一些；又如小川系统的红白，其红斑则表现得厚而比较细腻油润。像光泽类中的黄金，张分黄金的色较浅而表现出淡黄金色；而菊水黄金则色厚深而显得带橙黄；又如锦鲤色斑中的白斑，这在许多锦鲤品种中都具有的颜色，称为白质，而且白质也是近年来在日本全国品评会和世界各品评会中比较重视的颜色，其色质的好坏直接影响其得分和获奖的名次。高品质的白斑是细腻雪白无杂色，而低品质的白斑则带灰而色暗，或带黄，而使得白斑色质低下，这不是高级锦鲤应具备的色质。所以我们在鉴赏锦鲤的色质时，应根据其具体血统和品系来具体鉴定。

三、匀称的花纹

锦鲤是观赏性鱼类，花纹分布的好坏会直接影响其观赏效果。什么样的花纹分布才算是优秀的花纹呢？我们鉴赏锦鲤的花纹，首先要看整体，整体的花纹分布要匀称，也就是说花纹分布不能集中在某一处或某一边，而其他部位没有或太少斑纹，这样的花纹不是好的花纹。除了整体的花纹分布匀称外，还要在观赏重点部位有特色，这样才会显出它的个性特征，比如在头部、肩部的花纹要有变化，特别在肩部的花纹一定要有断裂，这就是俗称的"肩裂"。如果没有肩裂，在观赏重点上就缺少了变化，这样的花纹就显得平淡无味而缺少值得细品之处，因而也可以说不能算是好的花纹。除了头部和肩部以外，在尾柄上的花纹也很重要，一条花纹分布很好的锦鲤，如果在尾柄部没有一处很好的收尾色斑，就等于没有了结尾，也是不完美的。花纹除在背部分布外，还应向腹部延伸，这就是俗称的"卷腹"。具卷腹花纹的锦鲤，更充满力感，更能体现出其健硕的美感。

在花纹的鉴赏中，除了整体的花纹分布外，还应根据其品种特征来鉴赏。如大正三色，除红斑的分布外，其墨斑的分布也很重要。墨斑应主要分布于鱼体的前半部分，如分布在红斑上，就不算是好的斑纹位置；如分布在白斑上，也就是俗称的"穴墨"，这可是非常好的位置。这些穴墨在品评中往往会获得较高的分数。又如"丹顶"，不管是丹顶红白，还是丹顶大正、丹顶昭和、张分丹顶，其头顶部的斑块的位置，都应在头部的正中央，前不到吻部，后不超过头骨盖，两边不到眼睛，这才是好的丹顶，否则都是不好的花纹，其品质也大大降低。

目前，在商品市场上，还有一些进行人工修理斑纹的，就是把色斑多余的部位用人工的手段除去；或用植皮的方法将没有色斑的位置用手术加

上色斑，以达到色斑的分布匀称。但欣赏自然美会比欣赏人工美来得顺畅，同时人工除去的色斑在一段时间后还会长出来，只是在进行交易的过程中欺骗买家而已，这种做法不应提倡。

四、良好的游姿

锦鲤是"会游泳的艺术品"，它的游姿就必然成为鉴赏的条件之一。游姿是否优美顺畅，矫健有力，是优秀锦鲤鉴赏的标准。如果锦鲤在水中游动时，身体歪扭，像蛇行游动，或经常是侧着身体；胸鳍划动无力，静止时表现出软弱无力；尾柄摆动很小，不能体现出锦鲤的健硕有力的一面；如动作太大，就显得有些夸张而不协调。如果是常静卧底下，那这尾鱼就有可能患病，应及时检查。

五、硕大的体型

在欣赏锦鲤中，体型的大小虽然不能算一项非比不可的条件，但在实际欣赏中，硕大体型的锦鲤往往会更吸引人们的注目，会更能体现出锦鲤的健硕有力的游姿，如果有以上四点的优点，再加上硕大的体型，就更能体现出它"会游泳的艺术品"的优势，观赏起来就更心旷神怡了。因此各锦鲤养殖场的养殖者们和锦鲤爱好者，都以养殖大体型大规格的锦鲤为目标，以能养出具上述四个条件的并且能长到一米以上的大锦鲤为荣。

金银鳞通过不断杂交鱼体全身有金色或银色反光鳞片，闪闪发光。如果鳞片在红色斑纹上，则呈金色光泽，称金鳞锦鲤；在白底或黑底上，则呈银色光泽，称银鳞锦鲤。在锦鲤所有品种中都可以培育出金银鳞片，比如金鳞红白、银鳞昭和等。

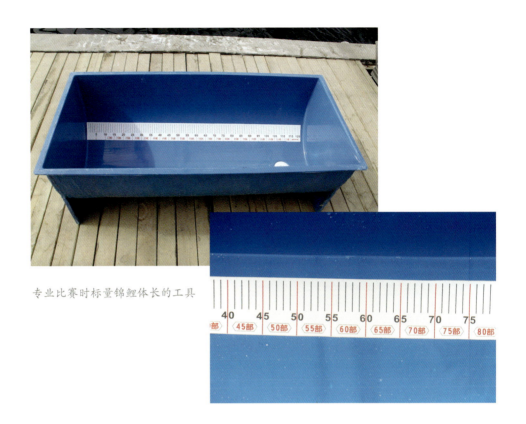

专业比赛时标量锦鲤体长的工具

锦鲤的个体和规格 等级的区分方法

在锦鲤品评大赛上，人们通常将不同规格长度的锦鲤分成"幼鲤"、"若鲤"、"成鲤"、"壮鲤"。"幼鲤"是指小锦鲤，规格在15～25厘米，通常是当岁鱼；"若鲤"是青年鲤，规格在26～40厘米，为2～3岁的鱼；"成鲤"是成年鲤，规格在41～55厘米；而"壮鲤"则是56～70厘米的壮年鲤。

有时也要使用"部别"这个术语。日本用来表示锦鲤长度的一种单位。"部"通俗地说就是厘米，每厘米为1部，例如1～5厘米的鱼为5部，6～10厘米的鱼为10部，以此类推！

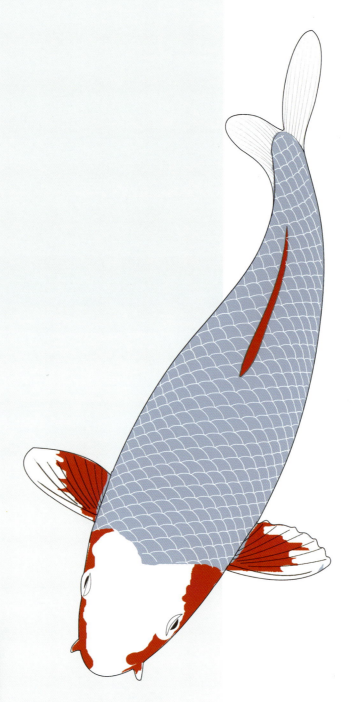

浅黄锦鲤系列

　　很早以前，一部分纯黑的鲤鱼产生了变异。部分的黑色素脱落，形成了具有青色鱼鳞的"浅黄真鲤"。"浅黄真鲤"之色调带有蓝色，腹部稍淡呈白色，体型细长。尚未有锦鲤之美，但的确是"浅黄"种的原种。"浅黄真鲤"另一名称为"鱼沼鲤"。真鲤之中，与锦鲤关系最密切的种类是"浅黄真鲤"。之后从这分支诞生了红白、大正三色等品种。

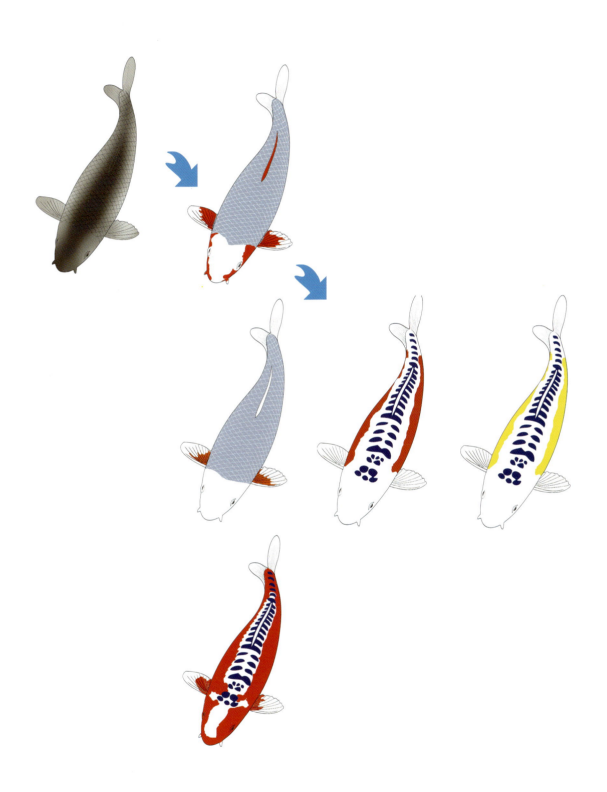

名　　称：	浅黄
英 文 名：	Asagi
日 文 名：	浅黄

特　　点：	背部呈深蓝色或浅蓝色，一片一片的鱼鳞外缘呈白色，左右睑部、腹部以及各鳍基部呈赤色的锦鲤。
起源历史：	锦鲤的原始品种，可以追溯到1830年以前。由千古志村捕捉到了黏土质的鱼池里突然变异，腹部产生红色全身青黑的浅黄鲤鱼。

背部一片一片的蓝色鱼鳞须整齐耀眼

胸鳍的赤色特深的称为"秋翠鳍"

左右睑部、腹部以及鳍的基部呈赤色的为基本型，而赤色愈浓愈佳

头部必须为清澈的淡蓝色，不能有黑影或芝麻黑点

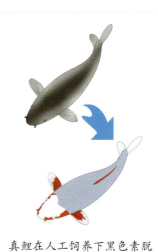

真鲤在人工饲养下黑色素脱落，形成了浅黄鲤

欣赏标准 浅黄欣赏标准具有下列几点之一即可。背部的黄色鳞片排列整齐一致；黄色鳞片分布明显的、均匀的深蓝色斑或水蓝色；侧线以下的橙红色与背部的蓝色鳞片界限清晰；胸鳍、腹鳍分布对称的橙红色，最好橙红色分布到鳍的基部。再生鳞或颜色浑浊等均导致观赏价值降低，市场价值下降。浅黄代表着淳朴、雅致、清爽及素净，在养殖过程中，为锦鲤爱好者喜爱，但大型的浅黄独具风格，于池中悠然畅游，颇具古风，令人愉悦。如同古香古色的茶道一般。

种类 1. 深蓝浅黄：蓝色鲜明，深蓝颜色到达腹部，接近真鲤。
2. 鸣海浅黄：蓝色程度较深蓝浅黄为淡，鳞片中央蓝色虽深但其周围色泽转淡。
3. 蓝浅黄：蓝色中最淡颜色，又称为"牢浅黄"（通草浅黄）。
4. 浅黄三色：背部蓝色. 腹部和头部有绯色斑纹，下腹部黄白色，异常漂亮。
5. 龙浅黄（瀑布浅黄）：背部蓝色鳞和腹部绯色鳞片之分界线上分布如奔流瀑布般白肌。

049

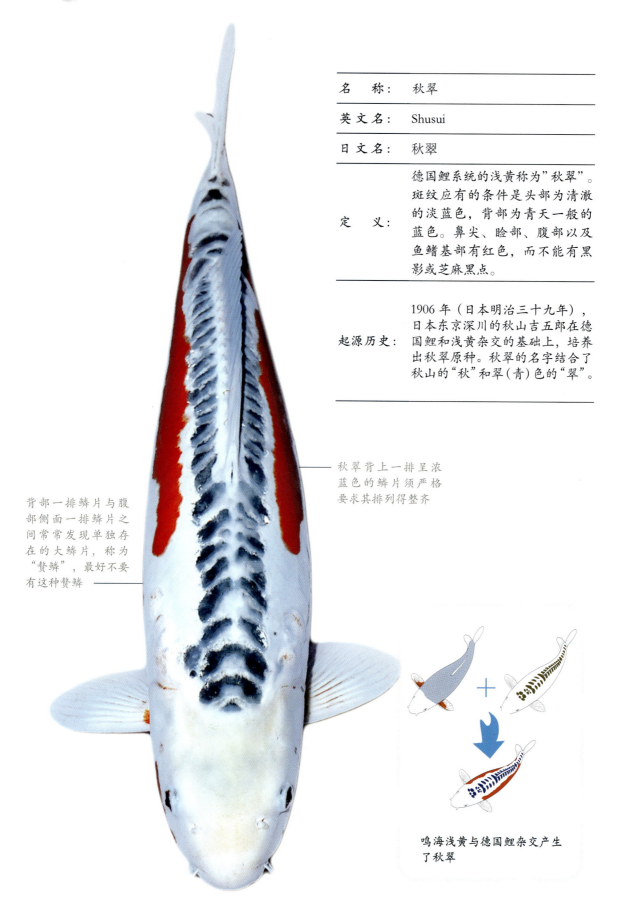

名　　称：	秋翠
英 文 名：	Shusui
日 文 名：	秋翠
定　　义：	德国鲤系统的浅黄称为"秋翠"。斑纹应有的条件是头部为清澈的淡蓝色，背部为青天一般的蓝色。鼻尖、睑部、腹部以及鱼鳍基部有红色，而不能有黑影或芝麻黑点。
起源历史：	1906 年（日本明治三十九年），日本东京深川的秋山吉五郎在德国鲤和浅黄杂交的基础上，培养出秋翠原种。秋翠的名字结合了秋山的"秋"和翠(青)色的"翠"。

秋翠背上一排呈浓蓝色的鳞片须严格要求其排列得整齐

背部一排鳞片与腹部侧面一排鳞片之间常常发现单独存在的大鳞片，称为"赘鳞"，最好不要有这种赘鳞

鸣海浅黄与德国鲤杂交产生了秋翠

欣赏标准

鉴赏重点上大致和浅黄相同。最重要是背部的蓝色，鲜明的色调表现出赏心悦目的美丽，尤其是背上排列整齐的深蓝色大鳞更是其鉴赏的重要条件。头部淡蓝色，不能有斑点或斑痕等杂斑，明亮且漂亮者方具价值。橙红色的渗入方式大致上和前面所述的浅黄相同。橙红色于两颊，下腹部很漂亮的渗入者，具较高的欣赏价值，橙红色在鳍根部要有明显渗入，极令玩家喜爱。而且这种橙红色的色泽和红白的红斑色泽是不同的，属于光彩夺目般鲜艳。胸鳍、腹鳍等若明显渗入此般美丽橙红色者称之为"秋翠鳍"。这种"秋翠鳍"与该种锦鲤非常相称协调，异常华丽。属于德国鲤，所以鳞的排列也可作为花纹的一种来欣赏，鳞的排列漂亮整齐一致是非常重要的。特别是秋翠背部深色鳞的排列更是显眼，因此必须表现整齐一致的美感，如侧线上的鳞排列之间有小黑点的大鳞、大小不一、缺鳞，其观赏价值就大大降低，所以通称的"一字鳞"是最好的。如果在身上其他部位上有大小不一的散鳞，通常称为"蛇皮鳞"，是秋翠中的下品。

种类

1. 花秋翠：橙红色的花纹部分上卷到背部。
2. 绯秋翠：秋翠原来只有侧线下的腹部有橙红色，如全身都是橙红色，称为"绯秋翠"。
3. 黄秋翠：背部上有黄色斑纹的称为"黄秋翠"。
4. 珍珠秋翠：是秋翠与银鳞杂交培育而成的，背部的鳞片上有银鳞之镶边者称为"珍珠秋翠"。

秋翠的幼鱼和尚未成熟的浅黄相比，在蓝色和橙红色的相互映衬下，非常漂亮。但随着秋翠成长年老，逐渐失去其美感，就无法和同体型的浅黄相比了。

名　称：	鸣海浅黄
英文名：	Narumi Asagi
日文名：	鳴海浅黄

特　点：　蓝色程度较深蓝浅黄为淡，鳞中央之蓝色虽深但其周围色泽转淡的浅黄锦鲤。

起源历史：　由深蓝浅黄变化而来，因颜色酷似一种称为"鸣海而染"的染布而得名。具体形成年代不详。

 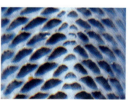

深蓝浅黄和鸣海浅黄鳞片的区别是：深蓝浅黄的鳞片从生长点到外沿为浅蓝变成深蓝。而鸣海浅黄正好相反。上左图为深蓝浅黄。

"鸣海浅黄"的鳞片中央呈深蓝色，而周边颜色转淡，是白色质地系统锦鲤的始祖，其头部呈现出淡蓝色之白色或淡乳白色，顶部秃白，极为漂亮。它经由"牢浅黄"杂交选育出"红白"、"大正三色"、"白别甲"、"五色"、"蓝衣"，与德国镜鲤杂交培育出"秋翠"等品种。

名　　称：　绯秋翠

英 文 名：　Hi Shusui

日 文 名：　绯秋翠

特　　点：　全身都是橙红色或绯红色的秋翠。

起源历史：　从普通秋翠演变而来。

花秋翠

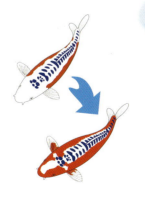

在普通秋翠的培育过程中
产生了绯秋翠

身体侧面大部分为绯
红色，非常美丽

名　　称：	绯浅黄
英文名：	Hi Asagi
日文名：	绯浅黄

特　　点：　身体两侧和面颊大部分为绯红色的浅黄。

起源历史：　从深蓝浅黄演变而来。

浅黄鳞片覆轮

从鲤的头部方向来看，鳞的后方周围部分会呈现淡淡的模糊状，此形状称之覆轮，这是浅黄种鳞的基本形态。形成半圆形，感觉稍粗的线状覆轮若广及全身，将会给人好像披上一张网的感觉，故称之"网目"。若覆轮有规则地并列，则可称之为"网目漂亮"或"网目良好"。

从头部看去，后方的鳞是潜藏在前方鳞的下方，而浅黄体色的蓝色若呈现紧紧地染至鳞根部状态，不只颜色看起来浓，给人有均匀感的同时，也会显得有重量感。蓝色较浓的部分，在鱼体前方一般呈菱形，后方则呈扇形。可是，若鳞片稍大，蓝色调也太浓时，无可否认会感觉有些沉重。头部末端至尾鳍前，鳞数虽然可能只差1～3片，但鳞只要大小稍有不同，整个鲤给人的印象会有很大的不同。

名　　称：	一品鲤秋翠
英 文 名：	不详
日 文 名：	秋翠（一品鲤）

特　　点：	在秋翠的繁殖过程中出现的美丽绝伦并仅此一条的个体。

起源历史：	偶得。

黄秋翠和绯秋翠也是难得的绝品。其中黄秋翠在欧洲和美国非常受欢迎。

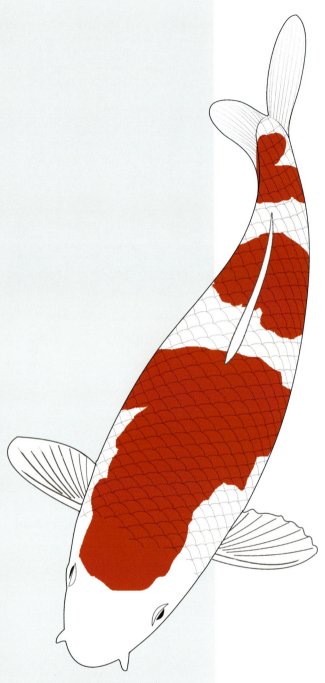

红白锦鲤系列

红白的古名叫做"更纱"（Sarasa），是浅黄系统锦鲤经过改良之后产出的品种。1931年日本公布的《农村副业养鲤法》，曾引用其他文献说明"更纱"的来历。其改良的进行方向与鸣海浅黄所具绯红的增加经过完全一致。

红斑的边缘要清晰，斑纹边缘偏向尾部的部分必须分明

红斑愈浓愈好，但是格调必须是高雅明朗的红色

红斑纹必须颜色均匀，不能模糊不清，或有白斑出现

靠近头部的部分通常模糊不清，这是由于鳞片覆盖着下层色彩的结果，称为"插彩"。别具风格

名　　称：	红白
英 文 名：	Kohaku
日 文 名：	紅　白
特　　点：	白底上有红色花纹者称为红白。为锦鲤品种中最具有权威性且在各品评会中最引人注目的。正如一句格言所说："始于红白，而终于红白。"
起源历史：	最早发现具红白两种颜色的鲤鱼是在1840年至1929年。当初由真鲤突然变异产生头部全红的"红脸鲤"，再由其产生的白色鲤与绯鲤杂交，产生腹部有红色斑纹的白鲤，之后逐渐改良成背部有红斑的锦鲤。

红白斑纹应有的条件是白底要纯，不可夹带黄色或淡黄色，必须像雪一般的纯白

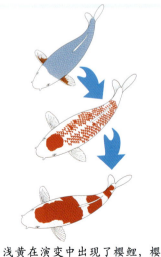

浅黄在演变中出现了樱鲤，樱鲤发展成了现代的红白

欣赏标准

迄今为止，红白都是锦鲤的主流，锦鲤的名称由红白培育开始诞生，并有"始于红白，终于红白"的说法。欣赏红白主要看以下几点：红白斑纹应具备像雪一样纯白的白底，不可夹带黄色或淡黄色，格调颜色必须是高雅明朗的红色；红白斑纹必须全身均匀分布，左右对称；斑纹的重心最好稍偏近于颈部，尤其以靠近头部的肩部有大斑纹为最好；头部连接到躯干部最好不是直线型的单调斑纹，尾结与尾鳍的距离以2厘米左右最理想，不可进入到尾部。

种类

按照花色不同，红白的种类有：白无地，红无地，绯鲤，口红红白，两段红白，三段红白，四段红白，闪电红白，一字红红白，拿破仑红白，御殿樱红白，金樱红白，富士红白等。

另外，红白与德国鲤杂交形成德国红白，鳞片出现光泽鳞称为金鳞红白；红斑不集中单独呈现在各鳞片上的称为鹿子红白；只有头部有正圆形红斑的称为丹顶。日本爱鳞会的十三大类分类法中将金鳞红白归为金银鳞，鹿子红白归到变种鲤，丹顶单成一类。本书为了去繁从简，将以上品种归纳为其他类红白，与红白在一节中介绍。

红白的古名叫做"更纱"，是鸣海浅黄锦鲤经多年改良之后培育的品种。初期的"更纱"白地与绯盘边缘模糊不清，白地处有淡红的飞散绯或浮出

腹绯者居多，白地及绯盘均不稳定。在1889年日本的五助以樱鲤为亲本（红色花纹如同樱花的花瓣）培育出"五助更纱"。其雌性亲鲤头部尚存少许的绯斑，但白地薄得可透视体内。雄性亲鲤是绯红多的樱花模样锦鲤，这一配组成功谱写了更纱改良史的新篇章。新创出的更纱是纯白的肌地浮现贴纸一样的深红斑纹，红与白的面积比例又恰到好处，肌肤的美艳异于原有的更纱。五助更纱的声誉立即传遍近邻。此一系统又经过遗传，留下诸多优秀系统，后来以"红白"为名，作为代表锦鲤的品种确立其存在。

日本大正六年（1917年）由广井国藏在更纱的基础上培育出真正的也是原始的红白锦鲤。原始红白锦鲤红质较淡，后经过高野浅藏和星野太郎吉的改良，红白锦鲤的红质和白质有了较大的改进。1922年日本大正博览会展出的锦鲤几乎都是红白，通过这些锦鲤的斑纹可以了解红白的形成过程。红白锦鲤先后培育出多种品系，如：友右门系、弥五左卫门系、武平太系等，但这些还都是红质很淡的原始种。现在最著名的红白锦鲤有仙助系、万藏系和大日系，分别由纲作太郎于1954年、川上长太郎于1960年、间野宝于1970年培育出来的。

幼鱼红斑呈现橘红色，随着鱼龄的增长，颜色会逐渐浓重起来。

红白锦鲤的分级标准

	A 级	B 级	C 级
体型	① 体高与体长比例应为 1:2.6 至 1:3.0	体高与体长比例应为 1:2.6 至 1:3.0	体高与体长比例可允许有 10% 左右的偏差
	② 吻部较宽，尾柄粗，背部形成优美曲线	吻部较宽、尾柄粗，背部形成优美曲线	与 A、B 级标准要求基本相同
颜色	① 整体色彩要求浓厚、鲜艳	整体色彩要求浓厚、鲜艳	与 A、B 级标准要求基本相同
	② 底色应纯白如雪，不可掺杂其他颜色，也不得有污点、污斑	底色应纯白如雪，不可掺杂其他颜色，也不得有污点、污斑	与 A、B 级标准要求基本相同
	③ 红斑质地均匀且浓厚，以格调明朗的鲜红色、血红色、紫红色为佳；红斑边缘（指与白底分界处）鲜明	红斑质地均匀且浓厚，以格调明朗的鲜红色、血红色、紫红色为佳；红斑边缘（指与白底分界处）鲜明	红斑颜色可以放宽为橙黄色
斑纹	① 躯干两侧红斑须左右对称，且应该以大块红斑为主	与 A 级①相同	躯干两侧红斑不要求左右对称，红斑可为小块斑纹
	② 从鼻孔到尾鳍基部的红斑总量须占鱼整体表面积的 30%	与 A 级②相同	从鼻孔到尾鳍基部的红斑总量无要求
	③ 从吻部至眼前缘、眼部、颊部、鳃盖都不能有红斑；各鳍部也不能有红斑出现	吻部、眼部允许小块红斑出现；背鳍、胸鳍也可有一至两块小红斑	吻部、眼部、颊部、鳃盖和各鳍部都可以有红斑出现
	④ 背鳍基部至侧线之间必须有红斑	与 A 级④相同	背鳍基部至侧线之间对红斑无严格要求
	⑤ 尾柄处有红斑覆盖	与 A 级⑤相同	尾柄处对红斑无要求
	⑥ 所有红斑不可延伸或出现在侧线以下	红斑可延伸至侧线以下第二排鳞	红斑可延伸至侧线以下
	⑦ 其他：整体红斑以呈三段或四段分布为最佳；若红斑连续分布，则必须呈闪电状	其他：红斑与白底分界明显，呈不规则状	其他：红斑与白底分界明显，呈不规则状

靠近尾鳍部分须有红
纹，称为"尾结"。
尾结与尾鳍的距离以
2厘米左右最理想，
不可渲染到尾部——

三段红白

名　　称：	段纹红白
英文名：	Nidan（二段），Sandan（三段），Yodan（四段）
日文名：	段紋紅白

特　点：

二段红白锦鲤　在洁白的鱼体上，有两段绯红色的斑纹，宛如红色的晚霞，鲜艳夺目。躯干部的红斑，要左右对称才算佳品。

三段红白锦鲤　在洁白的鱼体背部生有三段红色的斑纹，非常醒目。

四段红白锦鲤　在银白色的鱼体上散布着四块鲜艳的红斑。

段纹红白头上红斑呈现
圆形，称为丸点红白。
此鱼具备了两种特征，
因此可以称为丸点四段
红白

名　　称： 闪电红白

英 文 名： Inazuma Kohaku

日 文 名： 稻妻紅白

特　　点： 鱼体上从头至尾有一红色斑纹，斑纹形状恰似雷雨天的闪电，弯弯曲曲，因此得名。

在红白的繁殖过程中，出现大量全红的红鲤和全白的白鲤是非常普遍的，所以要在小鱼花纹定型后进行筛选。

从头至尾有一红色斑纹，形状恰似雷雨天的闪电，弯弯曲曲

名　　称：	银鳞红白
英 文 名：	Ginrin Kohaku
日 文 名：	銀鱗紅白

特　　点：　红白的白底有银色发亮的称为"银鳞红白"，如果发亮的鳞片在红斑纹内侧呈金色称为"金鳞红白"，金银鳞细致地聚集于背部者较美观。

金银鳞细致地聚集于背部者较美观

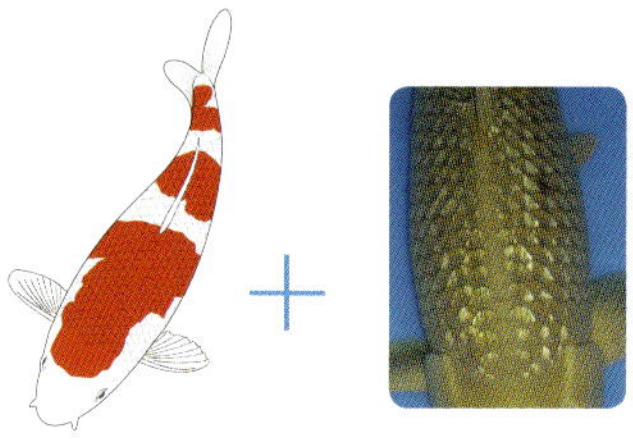

红白加入金银鳞基因而得

银鳞红白是非常华丽的锦鲤

　　日本爱鳞会将所有具有金银鳞特征的锦鲤单分成一类，称为"金银鳞类"。其中除银鳞红白外还有金鳞三色、金鳞昭和等。此分类本书未予采纳。

名　　称：　德国红白

英 文 名：　Doitsu Kohaku

日 文 名：　ドイツ紅白

特　　点：　红白与德国鲤杂交的后代，呈现红白的花纹和德国鲤的鳞片特征。

幼鱼时期由于没有鳞片，体表大部分呈现半透明状，并不雪白美丽。

德国红白体表大部分光滑无鳞，颜色发自肌肤，看上去更为鲜艳。由于血统问题，在日本该品种并不受到重视

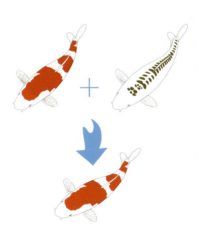

红白与德国鲤杂交得到德国红白

名　称：	鹿子红白
英文名：	Kanoko Kohaku
日文名：	鹿の子紅白

特　点： 鹿子是指绯盘不大，红斑不集中单独呈现在各鳞片上，如同鹿的斑纹，因此得名鹿子。

起源历史： 在锦鲤大流行时期，日本人曾将与鹿子红白相似的锦鲤称之为"御殿樱"（宫殿里的樱花之意），非常珍视。

红斑不集中，单独呈现在各鳞片上，如同鹿的斑纹

这是一条鹿子（樱鲤）一品鲤鱼，十分罕见

日本爱鳞会将鹿子红白、鹿子三色等分类到"变种鲤"中。但从形态上看，鹿子红白非常接近红白的原始种"樱鲤"。根据日本《磷光》杂志２００３年第８期所刊的《锦鲤系统图》所示，鹿子红白与红白同出于浅黄真鲤这一支的水浅黄和赤羽白。因此本书在此对该品种进行介绍。

名　　称：丹顶

英文名：Tancho

日文名：丹頂紅白

特　　点：头部有圆形红斑，而鱼身无红斑的红白，称为丹顶。常常发现口上有所谓"口红"的红点而头上亦有圆形红斑的锦鲤，这种鱼不称为丹顶而是应属于普通红白。头部的红斑延伸至头部后面肩部鳞片者，亦不宜称之为丹顶。

起源历史：在红白培育中得到。

鱼身不能有任何斑纹，要素洁漂亮

此鱼全身洁白，只有头上有圆形红斑，酷似日本国旗的图案，因此在日本受到特殊喜爱

眼睛、鼻、口均不能有红色斑纹

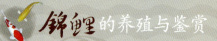

获奖锦鲤欣赏

三色锦鲤系列

  三色是日本锦鲤中的重要品系，大正三色、昭和三色和红白被合称为日本的"御三家"。日本大正初年在红白的基础上，混入了别甲的基因诞生了大正三色，并与其他锦鲤的杂交产生了更多的三色品种。

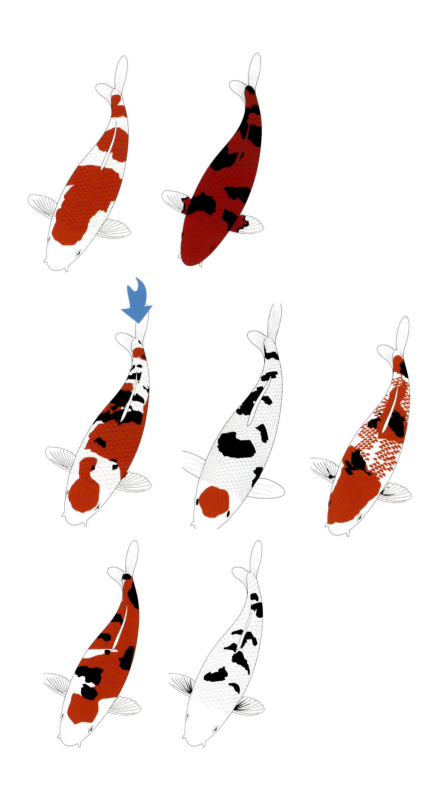

白底上的墨斑称为穴墨，红斑上墨斑称为重叠墨。以穴墨为佳。少数结实的块状黑斑左右平均分布于白底上者，品位较高。鱼体后半部不能有太多黑斑 ——

白底与红白要求一样，必须纯白，不要呈浅黄色 ——

头部不可有黑斑，而肩上须有，这是整条鱼的观赏重点 ——

名　　称：	大正三色
英 文 名：	Taisho Sanke
日 文 名：	大正三色
特　　点：	白底上有红色及黑色斑纹者称为"大正三色"。头部只有红斑而无黑斑，胸鳍上有黑色条纹者为基本条件。与红白同为锦鲤的代表品种。
起源历史：	大正三色是星野荣三郎于日本大正四年(1915年)固定其性状，因而得名。之后逐渐改良而产生"甚兵卫"、"寅藏"、"定藏"等优良血统。

红斑也与红白要求一样，必须均匀浓厚，边缘清晰。头部红斑不可渲染到眼、鼻、颊部，尾结后部最好有白底，躯干上斑纹左右均匀，鱼鳍不要有红纹

红白与赤别甲杂交培育出大正三色

欣赏标准

1. 绯盘、墨斑的红色、黑色必须鲜明且浓厚。
2. 白地同红白一样，越近纯白越好。
3. 头部一定要有绯盘，头部无墨斑、胸鳍有条形墨斑为佳。
4. 墨斑不要有零乱感，墨质也不是点状集结块，而是边缘十分明确锐利。
5. 鱼体的绯盘、墨斑必须均匀配置，左右平衡，前后和谐。

种类

按照花色不同分为：大正三色，口红三色，赤三色，富士三色，穴墨三色等。

另外，在日本鹿子三色常被归类于变种鲤，大和锦被认为是大正三色的光泽类后代，常被归于花纹皮光鲤，金银鳞三色及丹顶三色分别归类于金银鳞与丹顶类。本书中将一并介绍。

"墨"是指大正三色或昭和三色的黑色花样，但仅说"墨"时，包括其资质好坏，斑纹形成方式及色调、花样的状态等。

墨质：色素固有的本质性要素称为"墨质"。将皮下的黑色细胞密度及浮现在体表的墨黑状态合并进而评估墨黑质好坏。但锦鲤的颜色，浮现在体表的色彩仅一部分而已，大部分是深藏于皮下，墨黑色素层厚则墨黑浮现的潜力较大。

锅底墨：与锅底的煤烟一样，无光泽的灰色系统淡墨。

艳墨：相对于锅底墨而言。光润艳美，略带蓝色的浓厚墨黑质。主要体现在大正三色上。

天然真漆墨：有光泽、明亮的墨黑质。

三色墨：大正三色常见的"三色墨"，来自古老的深黄墨系统的墨黑质。

写墨：在昭和三色或白写中常见，来源于铁真鲤的墨黑质。

日本大正初年（1912 年），新潟县小千谷市浦柄地区的渔民左藤平太郎，看到很多当岁的鲤鱼身上长出了黑色的小斑点，于是他拿了一些鱼去请教当时对鲤鱼很有了解的吉田久吉先生。经过鉴定，这些鱼被认为是普通鲤鱼，

幼鱼红斑呈现橘红色，墨斑呈现灰色是正常现象，随着鱼龄的增长，颜色会逐渐浓重起来。

　　而且受到这些鱼的影响，池塘里的其他鲤鱼也不能销售。于是左藤平太郎只得将这些鱼作为食用鱼自己食用。一天他的儿子熏太郎央求爸爸给他三条鲤鱼玩耍，被日本锦鲤的收藏家川上忠藏偶然发现，并用极低价钱的买下了这三条幼鱼，带回家饲养。据传，那三条小鱼中有一条就是大正三色的原种。

　　日本大正四年（1915年），左藤平太郎决心好好饲养一年，看是否能有起色。但结果仍然让他失望，绝望之下，他将鱼卖给了中山区的长兵卫。长兵卫培育了两年也没有什么起色。大正六年（1917年）星野荣三郎买下了长兵卫培育的鱼，之后，他用红别甲与这些鱼杂交，培育出了新三色鲤鱼。很快这种三色鲤鱼被定名为大正三色。

　　星野荣三郎产出大正三色当年，日文不完善，有时将"锦鱼"写成"锦鲤"，为了避免"锦鲤"与"锦鱼"混淆不清，新潟地区都使用"花鲤"这个名字。"锦鲤"这个术语，最初只风靡日本新潟县以外的地区，后来原产地新潟地区才逐渐使用"锦鲤"这个名称。

　　在星野荣三郎大正三色后，日本业者继续对大正三色进行品种改良，通过大正三色与弥五门红白的杂交得到了寅藏三色。随后，新的大正三色不断诞生，逐渐出现了定藏三色、吉内三色、甚兵卫三色、和泉屋三色、松之助三色、大日三色等。这些三色绯盘越来越鲜艳，黑斑逐渐变大，墨色也越来越清晰。

大正三色锦鲤的分级标准

	A 级	B 级	C 级
体型	① 体高与体长比例应为 1:2.6 至 1:3.0	体高与体长比例应为 1:2.6 至 1:3.0	体高与体长比例可允许有 10% 左右的偏差
	② 吻部较宽、尾柄粗，背部形成优美曲线	吻部较宽、尾柄粗，背部形成优美曲线	与 A、B 级标准要求基本相同
颜色	① 整体色彩要求浓厚、鲜艳	整体色彩要求浓厚、鲜艳	与 A、B 级标准要求基本相同
	② 底色应纯白如雪，不可掺杂其他颜色，也不得有污点、污斑	底色应纯白如雪，不可掺杂其他颜色，也不得有污点、污斑	与 A、B 级标准要求基本相同
	③ 红斑质地均匀且浓厚，以格调明朗的鲜红色、血红色、紫红色为佳；红斑边缘（指与白底分界处）鲜明	红斑质地均匀且浓厚，以格调明朗的鲜红色、血红色、紫红色为佳；红斑边缘（指与白底分界处）鲜明	红斑颜色可以放宽为橙黄色
	④ 黑斑质地浓厚，呈漆黑色块状，不可分散或浓淡不均匀	黑斑质地浓厚，不可分散或浓淡不均匀	有黑斑即可，对黑色浓度无要求
斑纹	① 所有红斑要求与红白 A 级标准相同；头部必须有红斑且无黑斑	所有红斑要求与红白 B 级标准相同；头部必须有红斑且无黑斑	所有红斑要求与红白 C 级标准相同；头部必须有红斑且无黑斑
	② 所有黑斑须呈浓厚、不分散的大块状分布，且不与红斑重叠	与 A 级②相同	有黑斑存在即可，颜色浓度不要求，可为小黑斑，但不能小如芝麻状；黑斑可与红斑相重叠
	③ 从鼻孔到尾鳍基部的黑斑总量须占鱼整体表面积 10%，红斑与黑斑总和不超过 40%	与 A 级③相同	与 A、B 级③基本相同，要求可适当放宽
	④ 从吻部至眼前缘、眼部、颊部、鳃盖都不能有红斑或黑斑；各鳍部也不能有红斑黑斑出现	吻部、眼部、颊部、鳃盖以及背鳍、胸鳍、腹鳍、尾鳍处可有且只可有一至两块小黑斑	吻部、眼部、颊部、鳃盖以及背鳍、胸鳍、腹鳍、尾鳍处都可有黑斑
	⑤ 从头部后缘到背鳍前缘须有块状黑斑	与 A 级⑤相同	吻部、眼部、颊部、鳃盖以及背鳍、胸鳍、腹鳍、尾鳍处都可有黑斑
	⑥ 尾柄处应有红斑存在，身体后半部不可有太多黑斑	与 A 级⑥相同	尾柄处对红斑和黑斑无要求

名　　称：	赤三色
英文名：	Aka Sanke
日文名：	赤三色
特　　点：	自头、背一直到尾结有连续红斑纹的大正三色称为赤三色。视觉上给人一种强烈的感觉，但通常认为品位不高。
起源历史：	同大正三色。

墨斑基本都是重叠斑，少见穴斑

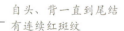

自头、背一直到尾结有连续红斑纹

名　　称：德国三色

英 文 名：Doitsu Sanke

日 文 名：ドイツ三色

特　　点：以大正三色为基本型，鱼体无鳞，在白色皮肤上赫然呈现出红、黑斑纹。幼鱼时期鱼体尤为华丽。

起源历史：大正三色与德国鲤杂交。

大正三色与德国鲤杂交，出现了德国三色

与德国鲤鱼杂交的皮肤大部分无鳞，因此墨色看上去格外清晰

绯红花纹延伸
到口部

名　　称：	口红三色
英 文 名：	Kuchibeni Sanke
日 文 名：	口紅三色

特　　点：　绯红花纹延伸到口部的大正三色锦鲤。

起源历史：　同大正三色。

名　　称：	丹顶三色
英 文 名：	Tancho Sanke
日 文 名：	丹顶三色

特　　点：　全身洁白，其上略有乌斑，头顶有一块鲜艳的圆形红斑，集素雅、艳丽于一体。

起源历史：　同大正三色。

多数身体上的墨斑稀少而细小

只有头部有红色斑块

幼鱼时，红斑为橘红色，墨斑为灰色是正常现象，随着鱼龄的增长，颜色会逐渐浓重起来。

名　称：	三色一品鲤
英文名：	不详
日文名：	大正三色（一品鲤）
特　点：	不符合大正三色鉴赏标准的三色鲤，但其美丽有超凡脱俗的境界。
起源历史：	各个时期都有出现。

身体上的绯盘细小而错乱，不符合大正三色的要求

头部红斑凌乱而不规则

　　本类鱼日本称为逸品鲤，指艺术品达到超众脱俗的境界，因此，中文应当译为精品鲤或极品鲤。在日本这类鲤鱼都属"一品鲤"（Ippin Koi）。意思是：世上仅有一尾的臻品。拥有一尾一品鲤是许多爱好者的追求。

名　称：	鹿子三色
英文名：	Kanoko Sanke
日文名：	鹿の子三色

特　点：　具有鹿子（梅鹿花纹）的三色鲤鱼。

起源历史：　同大正三色。

身上有樱花花瓣或梅鹿花纹

肩上有黑斑，具备大正三色的特征

大正三色与鹿子红白杂交，培育出鹿子三色

名 称:	白别甲
英 文 名:	Shiro Bekko
日 文 名:	白别甲
特 点:	白底、红底或黄底上有黑斑的锦鲤称为别甲，属于大正三色系统。大正三色去掉红斑就是白别甲，也就是白底上有黑斑的锦鲤。
起源历史:	红别甲和黄别甲历史较早，至少1950年以前就从古老品系的绯鲤中分离出来。白别甲形成较晚，现在多是大正三色的副产品。

幼鱼墨斑呈灰色是正常现象，随着鱼龄的增长，颜色会逐渐浓重起来。

肩部左右任何一侧皆须有一大黑斑

胸鳍普遍有黑条纹，但也有全白的

以头部纯白，不呈淡黄色者为佳品

因为是大正三色系的锦鲤，所以头上不能有黑斑，但是如果不影响躯干黑斑分布的美感，则头上有黑斑亦无妨

大正三色去掉红色斑即为白别甲

红鲤的背上有黑斑的，称为"赤别甲"。黑斑的质地完全与白别甲相同。赤别甲与赤三色的区别是，赤别甲无白纹而赤三色侧稍带一些白色。黄底黑斑的锦鲤称之为黄别甲。别甲与德国镜鲤杂交，培育出身上无鳞或少鳞的别甲品种分别称为"德国白别甲"、"德国赤别甲"。

别甲，日本原名为鳖甲（Bekko），意思是花纹像乌龟壳一样的鲤鱼。随着大正三色进入"御三家"，而别甲属于大正系统的鱼类，再使用乌龟壳的名字似乎有些不雅，因此，改鳖甲为别甲。日本锦鲤引进到中国后又更名为别光。

左图为赤别甲（Aka Bekko）当岁幼鱼。

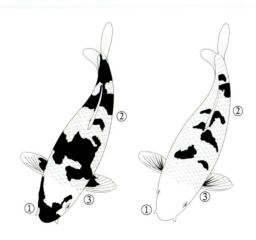

黑白二种颜色斑纹的锦鲤有"白写"及"白别甲"，其区别如下：

①白写在头部必有面割型黑斑，或鼻尖上有黑斑及头顶有人字型的斑纹，白别甲在头部则没有黑斑。

②白写躯干的黑斑伸延至腹部，而白别甲的黑斑只出现在背部。

③白写的胸鳍通常是元黑，而白别甲的胸鳍有条纹状黑斑或全白。

锦鲤的养殖与鉴赏

获奖锦鲤欣赏

衣和五色锦鲤系列

衣属于红白系统，五色属于三色系统。由于大正三色与红白的关系，衣和五色应当同出一脉。蓝衣是浅黄与红白的杂交所得，红斑鳞片的后缘呈蓝色半月形的网目状纹。其种类包括：蓝衣锦鲤、墨衣锦鲤、衣三色锦鲤、衣昭和锦鲤，另外五色、丹顶五色等也列入其中。

红斑上的鳞片后缘
有半月形的蓝色网
状花纹

名　　称：	蓝衣
英 文 名：	Ai-goromo
日 文 名：	藍衣

特　　点：	蓝衣是红白或三色与浅黄杂交所产生的品种。
起源历史：	雌性鸣海浅黄和雄性红白杂交最易生产出"蓝衣"。

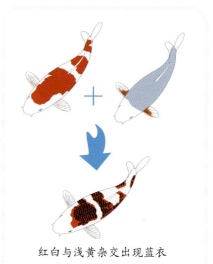

红白与浅黄杂交出现蓝衣

种类　　包括蓝衣锦鲤、墨衣锦鲤、衣三色锦鲤、衣昭和锦鲤，另外五色、丹顶五色等也列入其中。

逆覆轮型鳞片

从鲤的前方看下去时，鳞的后方周边部，即覆轮部，呈浓色，而中央处呈淡色的这种鳞片以"逆覆轮型"称之。

浅黄出现逆覆轮的数量少，因稀有而价值高，富力道感，会被爱好浅黄的人所喜爱。

另外，蓝衣身上的蓝鳞，其周边至中央为蓝色，潜藏在前方鳞下的根部为红色，此形质可视为逆覆轮型的一种。逆覆轮型鳞片的形状能使浅黄鲤富于变化，使松叶鲤多彩多姿，也能使衣鲤及五色鲤更具个性。

名　　称：	葡萄衣
英文名：	Budo Goromo
日文名：	葡萄衣

特　　点：	葡萄色的鳞片聚集而成为葡萄状斑纹者，称之为葡萄衣或葡萄三色。

起源历史：	同蓝衣。

葡萄色的鳞片聚集
而成为葡萄状斑纹

漂亮白肌上很清楚地浮出紫黑色的熟透的葡萄色，蕴涵着雅致味道。对爱好者来说是希望得到的品种，但绝品却是相当少见。

名　　称：墨衣

英文名：Sumi Goromo

日文名：墨衣

特　　点：红白锦鲤的红斑上再浮现出黑色的斑纹称墨衣。

起源历史：同蓝衣。

因为基础出于红白，墨衣有时可能繁殖出类似丹顶的个体。如果丹顶能满足鉴赏条件，则非常名贵。

红白锦鲤的红斑上浮现出黑色的斑纹

名　　称：	五　色
英 文 名：	Goshiki
日 文 名：	五　色

特　　点：　五色是由浅黄与赤三色杂交所产生，五色可说是浅黄的蓝底上有赤三色的斑纹。

起源历史：　三色类锦鲤与浅黄杂交。

浅黄与赤三色杂交，培育出五色

名　称：	五色丹顶
英文名：	Goshiki Hajiro
日文名：	丹顶五色
特　点：	只有头部出现红色斑纹的五色，称为五色丹顶。
起源历史：	三色类锦鲤与浅黄杂交而得。

关于五色的来历有如下的说法：

在浅黄真鲤血统的鲤当中，有个叫做"墨流"的品种。墨流有时被称为"黑浅黄"，即没有绯的"黑五色"。另外，在日本明治时代后期，有人以浅黄当种鲤来培育新品种，绯斑与墨斑相配时会变成黑紫色，其中出现有浓淡不一的叫做"五色浅黄"。

日本大正博览会上，东山、竹泽两村的鲤鱼出品协会展出了一尾长约45厘米的3岁雌鲤"云龙"。展出以前据说被称做九纹龙，相传是桑原马十所有，可能就是五色的雏形。

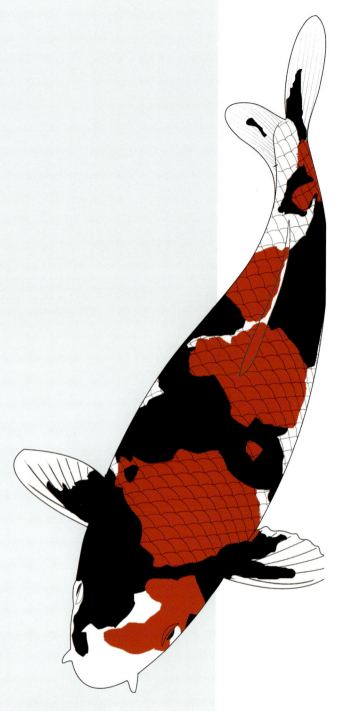

写鲤系列

  "铁真鲤"是色调似铁、浓茶褐色而有光泽的真鲤。"铁真鲤"是绯鲤的元祖，是锦鲤原种之一。自绯鲤产出"红别光"及"黄别光"，通过"红别光"与红白培育出大正三色，形成了三色系统。"黄别光"发展出了"黄写"，又再延续，经由"绯写"及"白写"而至产出昭和三色，形成新的写鲤系统。

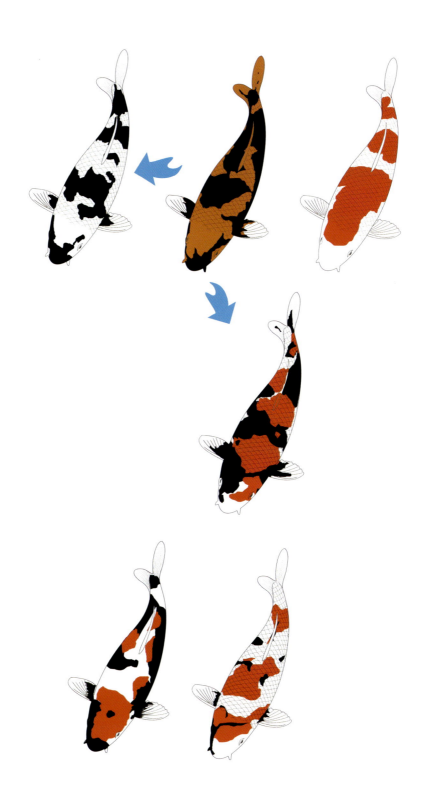

名　　称：	白写
英 文 名：	Shiro Utsuri
日 文 名：	白写り

特　　点：　黑底上有三角形白斑纹的，称为白写。

起源历史：　白写是 1825 年由日本新潟县山古志村的峰村一夫所培创。

白写、黄写、绯写与昭和三色所要求的黑斑之质地、斑纹相同，色彩愈浓愈佳

白写的白地像红白一样，质地应为纯白。胸鳍应为元黑

胸鳍上墨色是美丽的条纹斑

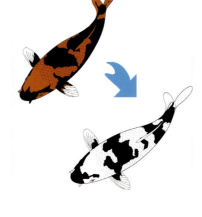

白写由黄写培育而出

幼鱼时期的白写墨色并不浓重，但只要质地好，长大后就有惊人的表现。

名　称：	绯写　黄写
英文名：	Hi Utsuri　Ki Utsuri
日文名：	绯写り　黄写り
特　点：	黑黄斑纹，黄色而有光泽的写鲤为黄写。 黄写的黄色较浓接近橙赤色者，称为绯写。
起源历史：	从铁真鲤变异而来。

黑底上有红色——
斑纹，称为绯写

黑底上有黄色——
斑纹，称为黄写

白质要求纯白,头部及尾部有白斑者品位较高,当然背部有白斑者更佳

胸鳍应为元黑,不应全白、全黑或有红斑

墨斑具有两个明显的特点:有闪电型黑纹,由嘴边跨越头上的斑,即面割(WENWARE);鼻尖上有墨斑而在头上有人字型斑

名　　称:	昭和三色
英 文 名:	Showa Sanshoku
日 文 名:	昭和三色
特　　点:	黑底上有红白花纹,且胸鳍的基部有黑斑的三色称之为昭和三色。
起源历史:	日本昭和二年(1927 年)由星野重吉将黄写与红白杂交获得。早期昭和三色的红斑是橙色的,后经小林富次配以弥五左卫门红白,成功地将颜色改良成现在这样鲜艳浓厚的红色。

白斑对于昭和三色也相当重要,只是不需要多,大约占全身的20%即可

黄写和红白杂交培育出昭和三色。

头部须有大型的红斑,红质均匀,边缘清晰,色浓者为佳

幼鱼早期白色部分非常少,只有随着鱼的年龄增长,白色区域才会明显展现出来。

1. 绯花纹要像红白锦鲤那样均匀配置。
2. 绯色边缘明确鲜明，不可模糊不清，色调以深红色为宜。
3. 墨质以具光泽的漆黑色最好，墨质边缘同样不可模糊。
4. 头部一定要有特色的墨斑。
5. 胸鳍以大小适中的元黑为佳。

1. 淡黑昭和：昭和三色的墨斑上，鱼鳞一片片呈淡黑色者称之。
2. 绯昭和：全身连续大红花纹者称之。
3. 近代昭和：白斑纹所占面积较多，乍看有如大正三色者称之。
4. 德国昭得：德国系统的昭和三色称之。

另外还有衣昭和、鹿子昭和、影昭和、昭和秋翠、金昭和、银昭和、金银鳞昭、丹顶昭和等。

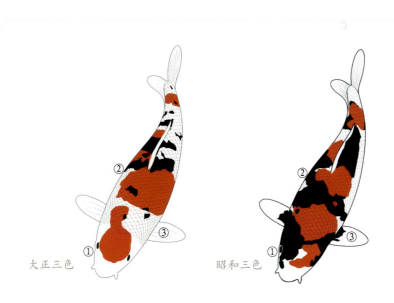

大正三色　　　昭和三色

具有红、白、黑三色斑纹的锦鲤分大正三色及昭和三色两种。前者是白底上有红斑、黑斑的，而后者是黑底上有红斑、白斑的锦鲤。大正三色与昭和三色的区别简而言之是：
①大正三色头部无黑斑而昭和三色则有之。
②大正三色的黑斑呈圆形块状而存在于体高侧中线的上半部，昭和三色的黑斑则呈连续纹或带状，存在于全身，包括腹部。
③大正三色的胸鳍是全白或有黑条纹，而昭和三色的胸鳍基部有圆形黑斑。这黑斑特称为元黑（MOTOGURO）。

白斑对于昭和三色也相当重要，只是不需要多，大约占全身的20%即可

名　　称：	鹿子昭和
英文名：	Kanoko Showa
日文名：	鹿の子昭和
特　　点：	昭和三色锦鲤的红色斑纹像梅花鹿一样分布，墨斑同昭和三色。
起源历史：	同昭和三色。

黄写与鹿子红白杂交的后代
为鹿子昭和

　　昭和三色的创始者乃竹泽村的星野重吉（大内的甚太郎），其雌性亲鱼的白地肌上有鳟鱼斑，头部有一点点红色，是很奇特的鲤。而雄性亲鱼是多绯的红白和少黑的松川化（松川变种）系统的白写。总之，最初的甚太郎昭和是多黑地的白写加上绯，头部有白地，如此呈现怪异形态者似乎很多。之后，为了想把甚太郎昭和改良得更漂亮，有一些厂家一错再错，把甚太郎昭和与其他品种杂交，因此要作出正确的配组图相当困难。

　　大致而言，昭和三色乃以松川化（松川变种）与黄写为基础之鲤。昭和三色采卵时，有很多人已体验到黑子率高的母胎会出现越多的绯写，此事实正暗示着昭和三色和松川化（松川变种）和黄写三者的关系。

　　星野重吉培育出的昭和三色红质为柿红色，小林富次于1965年用昭和三色与红白杂交产生了带鲜红红质的昭和三色。

昭和三色锦鲤的分级标准

	A 级	B 级	C 级
体型	① 体高与体长比例应为 1:2.6 至 1:3.0	体高与体长比例应为 1:2.6 至 1:3.0	体高与体长比例可允许有 10% 左右的偏差
	②吻部较宽、尾柄粗，背部形成优美曲线	吻部较宽、尾柄粗，背部形成优美曲线	与 A、B 级标准要求基本相同
颜色	① 整体色彩要求浓厚、鲜艳	整体色彩要求浓厚、鲜艳	与 A、B 级标准要求基本相同
	②白斑应纯白如雪，不可掺杂其他颜色	白斑应纯白如雪，不可掺杂其他颜色	与 A、B 级标准要求基本相同
	③红斑质地均匀且浓厚，以格调明朗的鲜红色、血红色、紫红色为佳；红斑边缘（指与白底分界处）鲜明	红斑质地均匀且浓厚，以格调明朗的鲜红色、血红色、紫红色为佳；红斑边缘（指与白底分界处）鲜明	红斑颜色可以放宽为橙黄色
	④黑斑质地浓厚，呈漆黑色块状，不可分散或浓淡不均匀	黑斑质地浓厚，不可分散或浓淡不均匀	有黑斑即可，对黑色浓度无要求
斑纹	①从吻部到尾鳍基部的黑斑总量须占鱼整体表面积 35%，红斑占 25%	从吻部到尾鳍基部的黑斑总量须占鱼整体表面积 35%，红斑占 25%	与 A、B 级①相同
	②头部红斑不应覆盖至两侧鳃盖	头部红斑不应覆盖至两侧鳃盖	头部红斑要求可覆盖至两侧鳃盖以下
	③黑斑于鱼体两侧交错分布，应延伸至腹部，以呈闪电形和人字形为最佳	黑斑于鱼体两侧交错分布，应延伸至腹部	与 A、B 级③相同
	④从吻部至眼后缘区域必须有黑斑	④从吻部至眼后缘区域必须有黑斑	④从吻部至眼后缘区域必须有黑斑
	⑤胸鳍基部必须有呈半圆状黑斑，且左右对称	胸鳍基部可无黑斑，若有则必须呈放射条状，且左右对称	胸鳍基部可有黑斑，形状可不规则，但必须两侧同时存在
	⑥其余各鳍都不可有黑斑存在	其余各鳍都不可有黑斑存在	其余各鳍可有少量黑斑存在

名　称：	近代昭和
英文名：	Kindai Showa
日文名：	近代昭和
特　点：	近年来培育出的白色部分越来越多的昭和三色。
起源历史：	近几十年演变而来。

比传统昭和三色
白色部分丰富

近代昭和的花色非常多，没有经验的爱好者容易和大正三色混淆，要切记黑色分布的要点。

不管怎样头部都必须有黑斑，这是昭和三色的重要特征

名　　称：	丹顶昭和
英 文 名：	Tancho Showa
日 文 名：	丹頂昭和
特　　点：	只有头部有红色斑纹的昭和三色称为丹顶昭和。
起源历史：	同昭和三色。

丹顶昭和在培育中非常难得，稍有不符合处就要淘汰。上图幼鱼红色没有生长到头顶，因此必须淘汰。

头部"人"字型黑花纹是昭和三色的最佳表现

头上必须有红色斑纹

名　　称：	德国昭和
英 文 名：	Doitsu Showa
日 文 名：	ドイツ昭和
特　　点：	德国系统的昭和三色。
起源历史：	昭和三色与德国鲤杂交而来。

昭和三色与德国鲤杂交培育
出德国昭和

体表大部分没有鳞片，浓重的
颜色给人一种丝绒般的感觉

名　　称：影昭和

英文名：Kage Showa

日文名：影昭和

特　　点：影昭和是昭和三色的红斑或白底上有淡黑阴影花纹的品种。

起源历史：同昭和三色。

—— 白底上有淡黑阴影花纹

光写的缺点是光泽强
则色调会变淡，绯色
变成红柿色，墨黑色
变模糊，绯及墨黑色
不鲜明

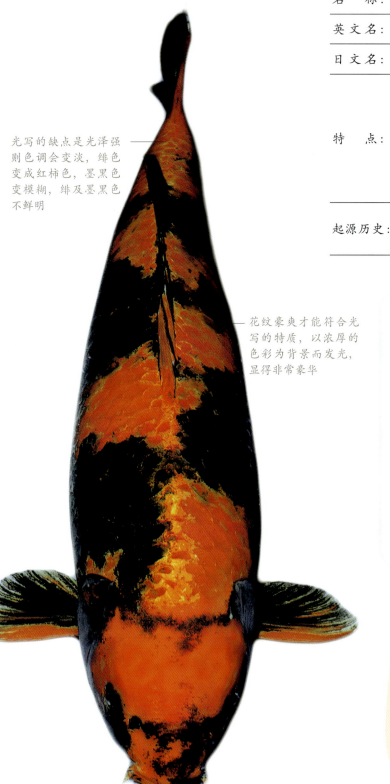

花纹豪爽才能符合光
写的特质，以浓厚的
色彩为背景而发光，
显得非常豪华

名　称:	黄金写
英文名:	Kinkutsuri
日文名:	金黄写り
特　点:	写鲤与橘黄金和黄金鲤杂交产出的品种称为"光写"，是所谓的"写类加光类"的锦鲤。其种类只有昭和三色系统之"金昭和"，白写系统之"黄金写""银白写"等三种。
起源历史:	通过写鲤和黄金类杂交。

黄写和金兜杂交培育出黄金写

光写类锦鲤的重点
在于光泽如何，同时作
为写类的花样必须整齐，
这是重要的条件。

名　　称：	金昭和
英 文 名：	Kin Showa
日 文 名：	金昭和

特　　点：	昭和三色与黄金杂交产出品种。

起源历史：	日本昭和三十五年（1960 年）由间内平的高野万次郎培育而出。现在的金昭和是白地雪白，说是"金昭和"不如说"银昭和"较为合适。

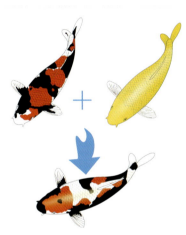

昭和三色与黄金类杂交培育出
了金昭和

—— 身体雪白带有
金属光泽

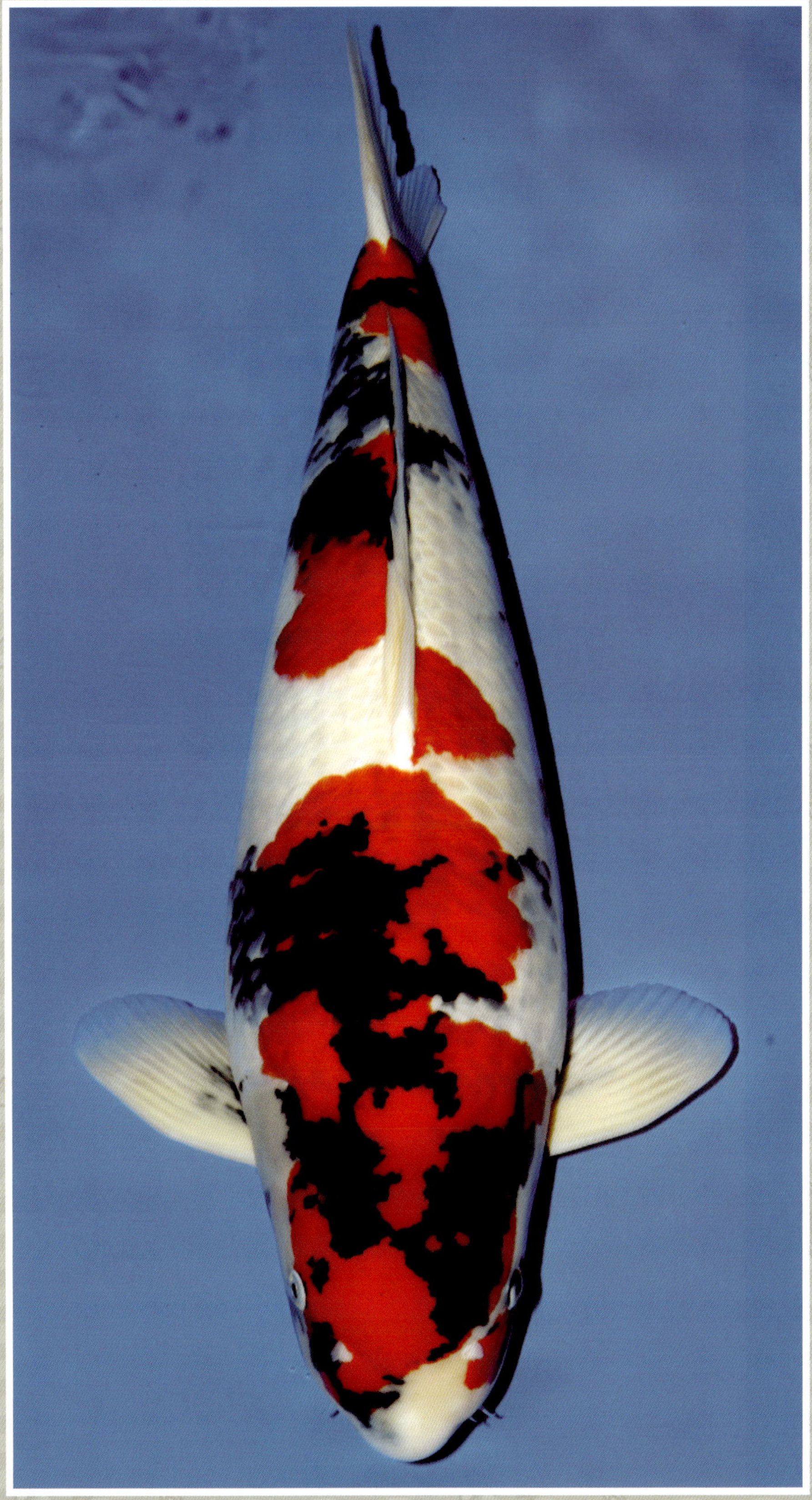

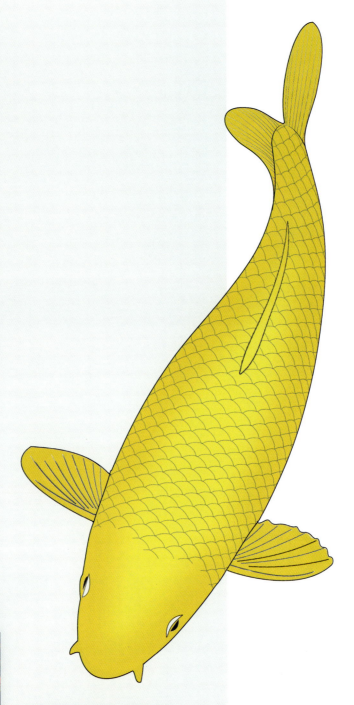

光泽锦鲤系列

    真鲤在变异中出现了头部金黄色的品种称为金兜（金色头盔的意思），背部出现金黄色的称为金棒。随后，人们用这些鱼与泥真鲤的后代茶鲤杂交，使其光泽增加，就产生了原始的黄金。随后黄金作为杂交亲本和许多品种锦鲤杂交使它们的身体富有光泽，所以人们把这类锦鲤称为光泽鲤类。

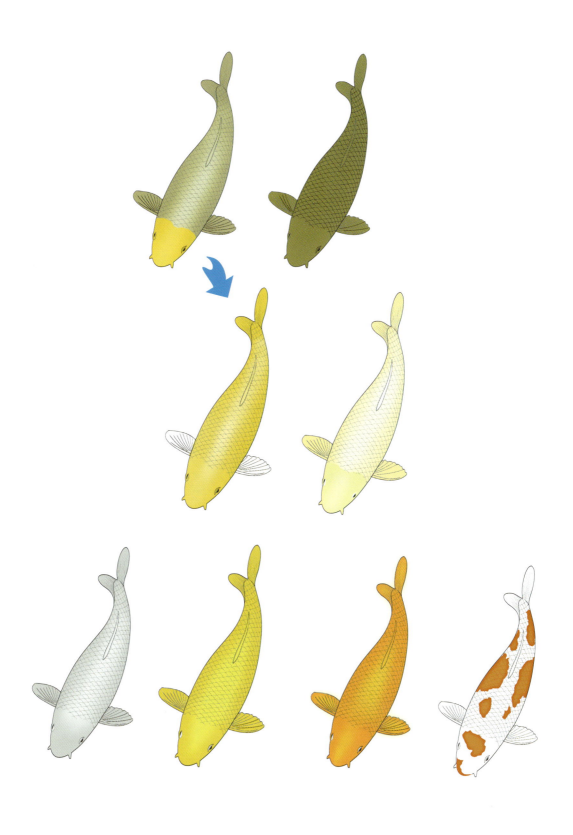

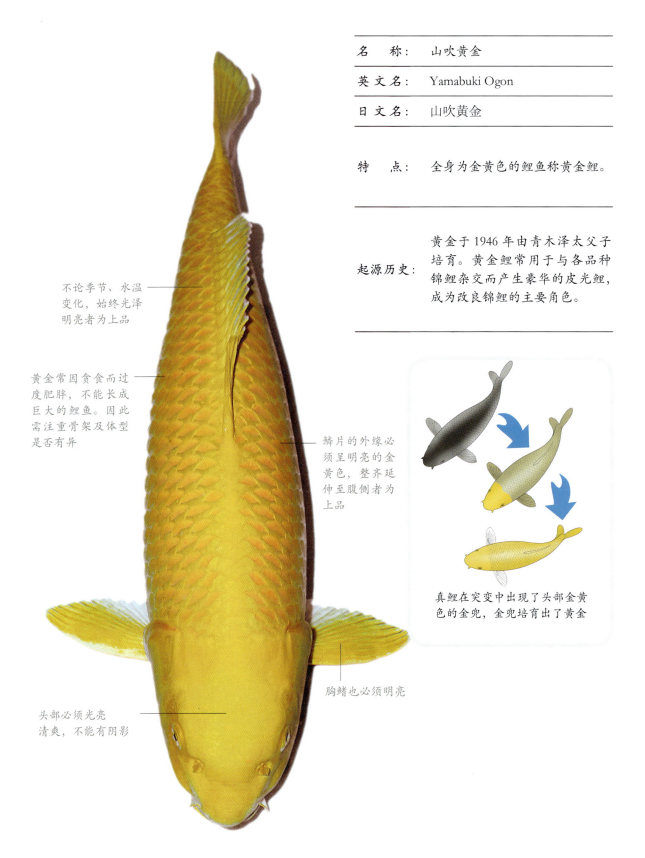

不论季节、水温变化，始终光泽明亮者为上品

黄金常因贪食而过度肥胖，不能长成巨大的鲤鱼。因此需注重骨架及体型是否有异

鳞片的外缘必须呈明亮的金黄色，整齐延伸至腹侧者为上品

胸鳍也必须明亮

头部必须光亮清爽，不能有阴影

名　　称：	山吹黄金
英 文 名：	Yamabuki Ogon
日 文 名：	山吹黄金

特　　点：　全身为金黄色的鲤鱼称黄金鲤。

起源历史：　黄金于1946年由青木泽太父子培育。黄金鲤常用于与各品种锦鲤杂交而产生豪华的皮光鲤，成为改良锦鲤的主要角色。

真鲤在突变中出现了头部金黄色的金兜，金兜培育出了黄金

种类

以前，黄金类系统的种类并不多，但随着人们将黄金多与其他鲤鱼杂交，产生具有光泽鱼体的豪华花纹锦鲤，光泽类家族的品种一直呈上升趋势。

松叶黄金：日本昭和三十五年（1960 年），岩间木的间野荣三郎将片冈正攸以浅黄雌性鲤鱼与黄金雄性鲤杂交产出的松叶雄性鲤，与菖蒲系统的黄金雌性鲤杂交，形成"松叶黄金"。

金松叶："金松叶"与"松叶黄金"同种，是茶褐色的黄金种。从"金松叶"肌地色调的浓厚到山吹色彩的浅淡，各类均有。近年的金松叶已经改进，以光泽强的为主流，松叶纹也减弱了。

银松叶：银松叶的精彩处与金松叶完全相同。但头部及背顶应以白金为基台发出光泽，胸鳍要如银扇一般发光而且覆轮的光泽要尽可能延至腹部。

德国金松叶：是德国松叶黄金的别称。

德国银松叶：鼠灰色黄金鲤的德国种称为"德国银松叶"。

瑞穗黄金：橙黄色的德国松叶黄金，特别称之为"瑞穗黄金"

白金红白：红白种光泽类称为"白金红白"，是将光泽添加于红白产出的品种。

樱花黄金：将光泽加添于鹿子红白的锦鲤称为樱花黄金。"金樱"及"御殿樱"覆轮会发光，由于含有鹿斑，容易混淆不清。

虎黄金：虎黄金是"黄别甲"的光类。黄金鲤背部有黑花纹并排的锦鲤称为"虎黄金"，近年几乎绝迹，难以再称为一个品种。

孔雀黄金：浅黄系统与光类杂交而得。

红叶黄金：日本昭和三十五年（1960 年），南荷顷的平泽仁以及须田嘉平治二人共同产出称为"红叶黄金"的新种德国鲤。这种锦鲤，体色是红色中略带紫，头盔呈松叶状，背鳍闪闪发光。是带黑的五色秋翠雌鲤与浓色黄金雄鲤及白金地贴分黄金雄鲤，杂交产出的。"红叶黄金"这名称是片冈正攸命名的，培育者平泽与须田两人称之为"锦水"。

锦翠·银翠："秋翠"的光类称为"锦翠"或"银翠"。"锦翠"的绯斑多，"银翠"的绯斑少。锦翠、银翠在幼鲤时期非常华丽，但成长后光泽会褪减。一旦光泽消退，就不值得称为秋翠，变成次级货了。

光泽类锦鲤品种繁多。另外，还有罗汉·银罗汉、德国黑鲤、古志锦、银别甲、红孔雀、德国孔雀、松竹梅、红叶黄金、羽衣、贴分黄金、金黄贴分、橙黄贴分、松叶贴分、德国黄金、菊水等。

名　　称：	白金
英 文 名：	Platinum Ogon
日 文 名：	プラチナ黄金

特　　点：　全身呈银白色的黄金鲤。

起源历史：　1963年以黄鲤杂交灰黄金而得。

鱼体素白，鳞片
富有光泽

和黄金一样，头部
必须光亮清爽，不
能有阴影

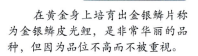

在黄金身上培育出金银鳞片称
为金银鳞皮光鲤，是非常华丽的品
种，但因为品位不高而不被重视。

名　　称：橘黄金

英 文 名：Orenji Ogon

日 文 名：オレンジ黄金

特　　点：橘黄色的皮光鲤。

起源历史：1956 年培育而出。

比较原始的胸鳍不黄的黄金，现在多被称为奶黄金。

全身呈现美丽的橘黄色

松叶型鳞片

潜藏在前方鳞片下方的后部的鳞片基部颜色逐渐消失，淡色的覆轮部与根部会变成包围着浓色的中央部分的形式，情形在松叶鲤较常见。此浓色的中央部分，于鱼体前方呈现菱形或扇形，到了鱼体后方，此浓色部分会变细，形成上弦月形。黄金系列的品种多为这种鳞形。

123

名　　称：	大和锦
英文名：	Yamato-nishiki
日文名：	大和錦

特　　点：　大正三色的皮光鲤（鳞片有光泽的种类）。红斑纹较淡，但屡有佳品出现。

红色和黑色的斑纹具有大正三色的特征

身体上有白金的金属光泽

起源历史：　日本昭和四十年（1965 年）在竹泽的评审会上第一次出现，是由竹泽村的星野势吉创出的，据说花费三代十多年时间方将亲鲤产出。星野首先将"浅黄"与"金兜"（金盔）杂交产出具有光泽的"光五色"雌鲤，继而将此雌鲤与白金系统肌地有红斑的樱花黄金雄鲤杂交，结果产出具大正三色特征的发光的五色系统锦鲤。又从这些锦鲤之中，特别选育白地、黑花样的雌鲤作为亲鲤，与具有绯红牡丹花纹的樱花黄金杂交，产出目标的亲鲤。

　　"古志锦"是大正三色加添黄金的品种，但幼鲤时期外表和大和锦一样，难以识别，近年以"大和锦"统称了。

名　　称：	红松叶黄金
英 文 名：	Aka Matsuba
日 文 名：	緋松葉黄金

特　　点：红色光泽鲤类具有松叶鳞片的品种。

起源历史：据说日本昭和三十五年（1960年），岩间木的间野荣三郎将片冈正攸曾以浅黄雌鲤与黄金雄鲤杂交培育出松叶雄鲤，又与菖蒲系统的黄金雌鲤杂交而得到的。

浅黄与黄金系统的鱼杂交，产出松叶黄金

鳞片上的松叶花纹

因为属于光泽类，头部同样要求光滑无阴影

125

背部大鳞具有
光泽斑

名　　称：	孔雀黄金
英 文 名：	Kujaku ogon
日 文 名：	孔雀黄金

特　　点：　背部大鳞具有光泽斑的带黑德国松叶与浅黄地有红白斑的黄金杂交而得的品种。

起源历史：　日本昭和三十五年（1960年），平泽利雄在培育松叶黄金时偶然发现，并命名为孔雀黄金。是德国松叶雌鲤与松叶黄金或红叶黄金雄鲤杂交产生的。

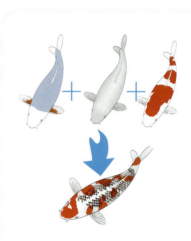

孔雀黄金的培育使用了黄金系统、红白和浅黄三类鱼的杂交

德国系统的孔雀黄金称为"德国孔雀"。

　　孔雀黄金的名称是因为有孔雀翅的黑纹而会发光，得以命名的。近年常见的，是经过改良的孔雀黄金，简明地说是杂交了五色血统的鱼类。

　　孔雀黄金兼具光泽类特有的豪华品位及变种鲤珍贵的品格。主要精彩处在于松叶纹要有高贵的光泽，但如果绯斑具有特异的花样将可占据光花纹的王座。

名　　称： 德国贴分

英文名： Doitsu Hariwake

日文名： ドイツはりわけ

特　　点： 德国种的黄金贴分称为"德国贴分"。

起源历史： 德国鲤与黄金贴分杂交而来。

山吹黄（金黄黄金）与白金黄金杂交形成的品种称为"金黄贴分"，尤其在头部及背顶浮现白金的锦鲤，显得非常高雅。

"菊翠"或"百年樱"都包含在本品种内。德国种的贴分鳞列整齐，以没有赘鳞为贵，但与革鲤杂交完全没有鱼鳞的贴分亦有。大鳞重叠如石墙的个体不能作为鉴赏对象。

身体光洁而且具有强烈的金属光泽，是非常优秀的个体

绯色斑纹鲜艳，
可与红白媲美

头部光滑并富有光
泽是良好的表现

名　　称：	菊　翠
英 文 名：	Kikusui
日 文 名：	菊水ではない（写真が違う）ドイツはりわけです

特　　点：　称为"菊翠"的德国种光泽类是指革鲤两腹部具有波浪型华美金花纹或绯红色花纹的锦鲤而言。腹部有华美的波浪型花纹或有与花秋翠相似的花纹就是"菊翠"品种，是被包括于德国贴分黄金之内。所以白金基台良好，头部光滑，体部光泽强，左右花样整齐者就是极品。

起源历史：　由德国血统黄金贴分改良而来。

名　　称：　菊　水

英 文 名：　Kikusui

日 文 名：　はりわけ（和鲤）

定　　义：　山吹贴分或橘黄贴分之中，侧腹部有漂亮波浪型或斑状花纹的称为"菊水"。全身以白金为底，头部与背部银白色特别醒目。菊水中背部鳞片覆鳞特别光亮，称"百年樱"。

起源历史：　由黄金贴分改良而来。

　　幼鱼期间只能体现出黄金贴分的形状，随着生长，颜色会逐渐浓郁起来。

侧腹部有漂亮波浪型或斑状花纹

头部同样要求光滑并富有光泽

其他品种锦鲤

现在锦鲤中还存在着大量由原始品种变异产生的品种，如茶鲤、黄鲤等，日本将这些品种称为变种鲤。还有一些是在培育现有品种中突变而成的，还没有名字。但这些鲤鱼都存在基因不稳定的问题，因此，不能在展览和比赛中赢得佳誉。在此将它们归纳为其他类进行介绍。

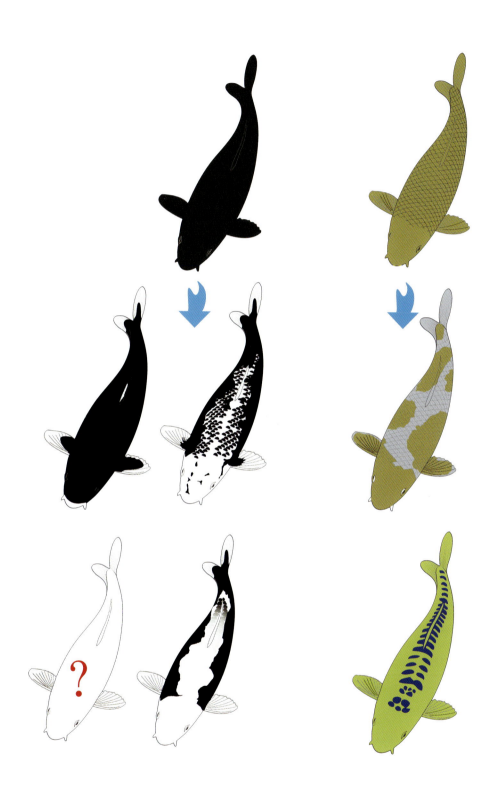

名　称：	乌鲤
英文名：	Karasugoi
日文名：	乌鲤

特　点：	全身乌黑的鲤鱼。

起源历史：	由野生鲤鱼突变而来。

锦鲤的原始种

铁真鲤（Tetsu-Magoi）:"铁真鲤"是色调似铁,浓茶褐色而有光泽的真鲤。

泥真鲤（Doro-Magoi）: "泥真鲤"是铁色变淡,稍带白的真鲤,数量较少的一种。与"铁真鲤"比较,身体较长而色调似茶色可资判识,又没有铁真鲤的光泽。与锦鲤的关系只被视为与茶鲤有关,与其他品种没什么关联。

浅黄真鲤（Asagi-Magoi）:真鲤之中,与锦鲤关系最密切的种类是"浅黄真鲤"。"浅黄真鲤"色调带有蓝色或青蓝色,腹部稍淡,呈白色,体型细长。尚未有锦鲤之美,但确系"浅黄"种的原种。"浅黄真鲤"另一名称为"鱼沼鲤"。

德国鲤（Doitsu-Koi）:德国的革鲤,就遗传性而言是优生品种。普通鲤鱼加上德国鲤血统后,德国鲤的形态特征都有遗传,摄饵性好,成长快,肥胖而早熟,雌性成熟早等性状均遗传下来。这些性状具有显著的优势,外观上无明显的变化,也多数属于德国鲤血统。当然锦鲤亦不例外。锦鲤方面首先以浅黄品种与德国鲤杂交获得了"秋翠",后来又有了德国红白、德国三色、德国昭和、德国别光等。

镜鲤（Kagami-Koi）:德国鲤的基本形是"镜鲤",背部及腹部两侧有大鳞排列。自头部与体部境界处至背鳍有一列或二列大鳞排列,沿背鳍部份明分为两列,腹部两侧各有一列大鳞。"镜鲤"的鳞称为"镜鳞",由于具有镜子一样的光泽所以得名。

革鲤（Kawa-Koi）:德国鲤有一种叫作"革鲤",其基本形是沿背鳍两侧各有一片大鳞。但也有背部大鳞已退化的革鲤。

铠鲤（Yoroi-Koi）:德国鲤与真鲤杂交产生了鳞排序混乱,产生了大鳞相叠的"铠鲤"。"铠鲤"全身有大中小各种鱼鳞纷乱并列,有镜鲤状的,也有小鳞片,能生长均匀的则非常好看。

名　称：	松川化
英文名：	Matsukawabake
日文名：	松川バケ

特　点：	"松川化（松川变种）"从浅黄演变而来是混有墨流血统的鲤鱼。
起源历史：	松川化的名称来自日本北鱼沼郡须原村松川这个地名。松川地区的大冢家族是代代有名的浅黄培育名家，从日本大正到昭和初期一直从事培育珍奇的浅黄。当中出现了浅黄鳞上面呈现龟甲模样的斑纹。由于这种斑纹会因季节出现或消失就起名为"变种浅黄"。日后渐渐就有了"松川化（松川变种）"的称号。

身上的墨纹会根据季节水温的变化而时隐时现

据说冬季养在网箱的松川化（松川变种），到春天放入野池后，随着水温的升高其斑纹会变浅或消失，到了秋天水温下降时斑纹会再度很清楚地呈现。松川化与九纹龙的遗传特性相同，都是全身黑色，同时会因环境变化，墨的出现位置不同。此遗传形质被称为疑似墨斑遗传因子。

少黑的松川化系统鲤就是白写，松川化是昭和三色之祖已经成了定论，松川化系统的鱼（白写）与红白杂交出现了昭和三色。

名　　称：羽白

英文名：Hajiro

日文名：羽白

特　　点：乌鲤当中，胸鳍呈白色者叫做"羽白"。

起源历史：乌鲤突变而来。

羽白由乌鲤突变而来

　　从遗传的角度来看，与绯鲤中出现赤羽白的道理是一样的。乌鲤头部呈白色者谓"秃白"，而头部、两胸鳍、尾鳍等四处呈白色者称之"四白"，这些都是乌鲤的同类。

名　称：	九纹龙
英文名：	Kumonryu
日文名：	九紋竜

特　点：	是羽白系统的德国鲤。全身浓淡斑纹交错，仿佛一条墨水绘成的龙。

起源历史：	墨鲤体系的鱼和德国鲤杂交。

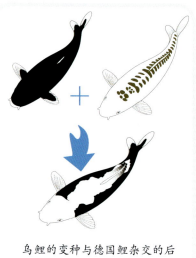

乌鲤的变种与德国鲤杂交的后代称为九纹龙

—— 与德国白写的区别在于头部没有墨斑

名　　称：　红九纹龙

英 文 名：　Hi Kumonryu

日 文 名：　紅九紋竜

特　　点：　红白和九纹龙的后代，具有红
色斑纹的九纹龙品种。

起源历史：　同九纹龙。

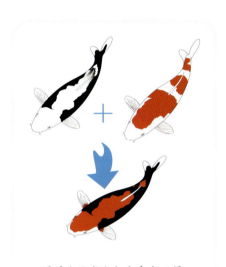

通过九纹龙和红白杂交而得

身体前半部分拥有
美丽的绯红斑

名　　称：	红辉黑龙
英 文 名：	Unique Koi
日 文 名：	紅輝黒竜

特　　点：	"红辉黑龙"是"辉黑龙"浮现绯纹的品种。

起源历史：	日本小千谷市片贝町的青木春雄以九纹龙为亲本产出"辉黑龙"，并引入"菊水"的血统，在日本平成四年（1992 年）培育出"红辉黑龙"。

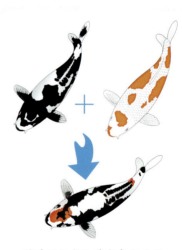

通过辉黑龙和菊水杂交而得

身上具有菊水一样的光泽斑纹

名　　称：	黄松叶
英 文 名：	Ki Matsuba
日 文 名：	黄松葉
定　　义：	与浅黄一样属于古典的鲤鱼。每一片赤色鳞片上浮现黑斑的称为"赤松叶"，黄色鳞片称为"黄松叶"，白色鳞片称为"白松叶"，与黄金鲤杂交产生的称"金松叶"、"银松叶"。
起源历史：	由浅黄分离培育而出。

赤松叶

银松叶

名　称：	红　鲤
英文名：	Aka-muji
日文名：	绯鲤

特　点：	全红的鲤鱼。

起源历史：	红鲤的血统很多，早期是由真鲤突变为红色的品种，历史非常悠久，在中国有上千年的培育历史。现在日本所指的赤无地多是红白繁育时淘汰下来的全红个体。

红鲤鱼在中国受到重视。民间有吉祥如意，年年有余的意思。培育历史已上千年。

名　　称：	黄鲤
英文名：	Ki-goi
日文名：	黄鲤

特　　点： 全身呈明亮黄色的锦鲤。常见为赤目黄鲤。

起源历史： 为真鲤的原始变种，历史悠久。

绿鲤（Midorigoi）

141

名　称：	茶　鲤
英文名：	Cha-goi
日文名：	茶　鲤

特　点：	全身茶色的锦鲤。德国系统的茶鲤生长快速，因此常有巨大的茶鲤出现。

起源历史：	由泥真鲤变异而出，在锦鲤家族中另成一类。

　　茶鲤非常容易长成巨型锦鲤。茶鲤还非常爱和人亲近，美妙的颜色与花纹的多变更是让锦鲤养殖者追寻与探究。

　　茶鲤早先被分为浓茶色与淡茶色，曾经一度变为浓绿色，经过改良后才慢慢出现了现在的茶色。茶鲤的色调逐渐脱离绿色的原因有很多说法，大众比较认可的是黄鲤和红鲤等单色无花纹的锦鲤杂交而造成的。例如，红鲤能杂交出巧克力色的茶鲤，黄鲤则能杂交出芥子色的茶鲤等。

　　茶鲤的色调虽然是单调的茶色，但是茶色的明度却很丰富，这也是茶鲤受到大众青睐的原因。略微带点红色的茶褐色茶鲤、带黄的黄土色茶鲤、浊茶色茶鲤、明朗的茶色茶鲤、带点灰的茶色茶鲤、黯然的茶色茶鲤等。纯粹茶色的茶鲤与池中的水草绿色相映衬，更是有一种非常写意的画面了。

　　茶鲤还是一种大型鲤，曾经独占巨型鲤的鳌头很多年，直到被巨型红白锦鲤所取代。

名　　称：　落叶时雨

英　文　名：　Ochiba Shigure

日　文　名：　落葉しぐれ

特　　点：　青灰色质地上有茶色斑纹。

起源历史：　是由茶鲤通过杂交而来。

身上具有落叶一样的
花纹，因而得名

落叶时雨拥有枯叶般的灰
色与黄色的张分或灰色与绿色
系茶色张分的斑纹；生长速度
快；随着个体的不断长大，鱼
体的颜色会随季节有不同变化。
具有很高的欣赏价值。

名　称：	未命名变种鲤
英文名：	Other Koi
日文名：	逸品鲤

| 特　点： | 在锦鲤的培育过程中，突变出与现有品种性状完全不同，但很富有观赏价值的品种。 |

起源历史：

因为锦鲤的基因很不稳定，所以在生产繁殖中经常有奇怪的新品种出现，如果这些品种具有观赏价值，就会得到保留，进行再次杂交提纯出新的品种。相信锦鲤的品种会越变越多。

龙凤锦鲤

锦鲤传入中国后，被古老的汉民族审美观念所改变，出现了如同汉服饰一样"宽袍大袖子"的长鳍鲤鱼，称为龙凤锦鲤。

龙凤锦鲤最早由中国台湾地区培育而出，是由中国的长鳍鲤同日本锦鲤杂交，经多年改良、培育的品种。龙凤锦鲤既保留了日本锦鲤从上往下看的观赏特点，又加强了在鱼缸内欣赏的可能性，更加符合现代都市人的审美要求。龙凤锦鲤有着独特的外形——龙头凤尾：头较大，形似龙头，四条鱼须长而威武，各鳍长而宽大，尾鳍长似凤凰尾，尾部宽且散长，极具观赏价值。

　　龙凤锦鲤性格温顺，饲养要求简单，不需要特殊照顾，是不可多得的中上品观赏鱼，很适合鱼缸养殖、庭园饲养和在大宾馆、酒店摆设以祈祝吉祥安泰和招财化煞。在鱼缸饲养观赏时，如由下向上观赏更是气派不凡，仿佛天上神龙彩凤空中翻腾，优雅飘逸，色彩鲜明生动，十分壮观，令人赏心悦目。

150

中国观赏鲤

中国蓄养观赏鲤鱼的历史悠久,具有许多的优良品种。比如:
江西的兴国红鲤、荷包红鲤、玻璃红鲤,广西的龙州镜鲤,浙江
龙泉的瓯江彩鲤等。现在还有传说认为是我国江西的红鲤和浙江
杭州的金鲤传入日本后,才有了日本锦鲤的祖先。杭州西湖的"花
港观鱼"起源于唐朝长庆年间(公元821–824年),鱼乐园中放
养着数万尾金鳞红鲤,游人在观鱼池的曲桥上投入食饵或鼓掌相
呼,群鱼就会从四面八方游来,争夺食饵,纷纷跃起,染红半个湖面,
蔚为胜观。在这里纵情鱼趣,真是鱼跃人欢,其乐融融。这是世
界上最早的大规模集体鉴赏观赏鲤鱼的活动,可认为是现在各种
锦鲤比赛、品评会的最初萌芽。

荷包红鲤，产于江西婺源。身体短圆，形似荷包，颜色鲜红，有一些个体带有黑色斑点，性情温驯，游动缓慢

玻璃红鲤，产于江西万安。体型与普通鲤鱼相似，通体红色，鳞片透明，透过鳃盖可见鳃丝，有的个体甚至可见内脏

长鳍鲤，产于广西桂林。体型与普通鲤鱼相似，各鳍修长如飘带，四须长而游离，鼻膜宽大，有红、黑、灰、花斑等颜色

兴国红鲤，产于江西兴国县。体色全红，色彩靓丽，具有观赏价值。它抗逆性强，适应性广，有极强的抗病能力和耐低氧能力，杂交亲合力强，是重要的杂交亲本。与荷包红鲤和玻璃红鲤一起并称"江西三红"

另外中国产的具有观赏价值的鲤鱼还有：

中华彩鲤，产于广东梅州。体型和颜色与日本锦鲤相似，与日本锦鲤相比，具有长鳍、大尾的特点。

瓯江彩鲤，产于浙江龙泉。体型与普通鲤鱼相似，有红、白、黄、黑、花斑等多种，是在田鲤的基础上培育而成。

嘉应锦鲤，产于广东梅州。是用杂交方法多年培育而成，其体型和日本锦鲤相似，颜色有红、白、黄、黑、花斑等，有长鳍系、红白系、金黄、浅黄、黑色、白玉、散鳞、紫色等8大类，近百个品种。和日本锦鲤相比，有的品种具有长鳍、大尾的特点。

龙州镜鲤，产于广西龙州。其体型和鳞片与散鳞镜鲤相似，鱼体紫色，有的个体鳃盖和身体透明可见内脏和鳃丝。

水仙芙蓉鲤，产于广西玉林。是在团鲤的基础上培育而成，颜色有红、黄、白、双色、三彩、五花等，其各鳍修长，尾鳍宽大而分叉，胡须长而分叉，故又名龙须鱼。

官厅红鲤，产于河北怀来。全身红色，眼睛也是红色的，和普通鲤鱼相比，具有体宽、背高的特征。清江红鲤，产于湖北长阳。体型与普通鲤鱼相似，体宽、背厚，有红、蓝、黑、花斑等颜色。

第三章

锦鲤的养殖与管理

　　锦鲤是具有观赏价值的大型鱼类，其养殖管理主要包括：繁殖与筛选、营养与饲料、生长速度和颜色控制、病害防治、鱼池建设等。另外，关于锦鲤的家庭饲养也纳入本章。

锦鲤生物学特征

生 活 习 性

　　锦鲤是鲤鱼的基因突变种,性格温和,生命力强,繁殖率高,适应性好。锦鲤的适宜水温为5～30℃,最适温度为20～25℃,但对水温急剧变化适应力不强。如果温度升高或下降3℃以上时,鱼就会生病;超过10℃时,鱼就会死亡。pH在6.8～8.0水体中可以饲养锦鲤,但最适于在pH为7.1～7.3的弱碱性低硬度水中生活,若水质硬度偏高,则体表经常会有少许充血状态。锦鲤在强烈阳光下生长缓慢,因此要为它创造荫蔽的环境,如可在塘角或喂食处盖一个遮阴凉棚。锦鲤是杂食性的,一般软体动物、水生植物、底栖动物以及细小藻类都是锦鲤的美食。夏季锦鲤摄食较多,到冬季则摄食较少或几乎不进食。因此,投喂时可视季节不同而有所增减。春天水温在12℃以上时,每天可投放3次饵料;水温降到12℃以下时,每天只需喂1次。

繁 殖 习 性

　　锦鲤体型大,一般在池塘繁殖,雌雄异体,雄鱼2龄达性成熟,雌鱼3龄达到性成熟,体外受精,产黏性卵,卵白色或淡黄色,直径2.5mm左右,每年产一次卵,产卵期一般集中在4～6月,性成熟的雌鱼一般在早晨4～10时产卵。卵经体外受精形成受精卵,受精卵黏附于水草或人工鱼巢等附着物上发育,经过4～5天孵化,仔鱼破壳而出;或采用人工繁殖的方法进行鱼苗培育,可增加鱼苗产量。刚孵出的仔鱼可投喂轮虫、小型枝角类或捏碎的蛋黄。

157

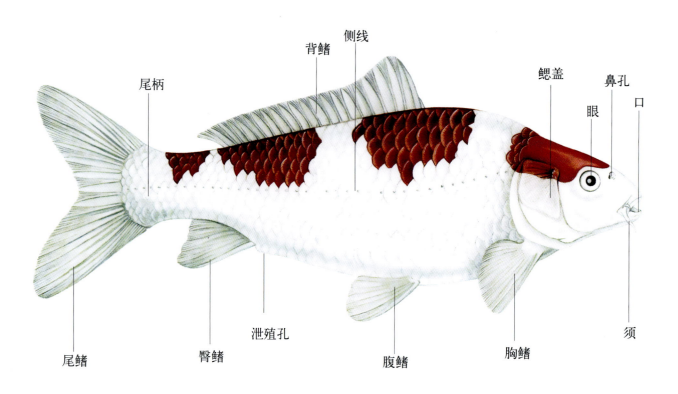

尾柄　背鳍　侧线　鳃盖　鼻孔　口　眼

尾鳍　臀鳍　泄殖孔　腹鳍　胸鳍　须

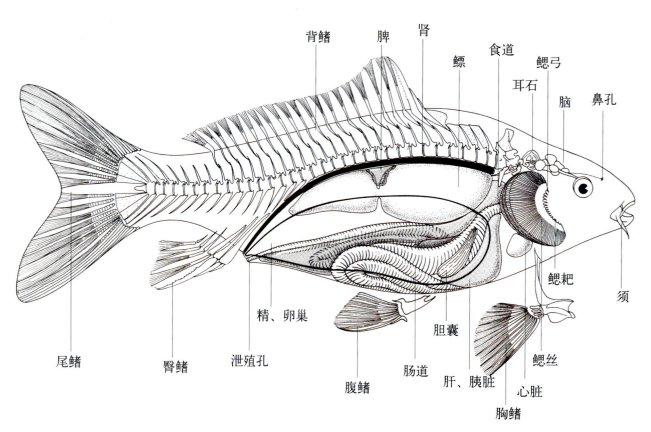

背鳍　脾　肾　鳔　食道　鳃弓　耳石　脑　鼻孔

尾鳍　臀鳍　精、卵巢　泄殖孔　腹鳍　肠道　肝、胰脏　胆囊　鳃耙　鳃丝　心脏　胸鳍　须

158

锦鲤的繁殖与选育

锦鲤的人工繁殖

1. 亲鱼培育

（1）亲鱼池规格

面积通常为 1 500 ~ 3 000m²，池深为 180 ~ 200cm。

（2）亲鱼的选择

选择的亲鱼均应在 3 龄以上，且品种特性明显，体格强健，体色鲜艳，色斑呈云朵状、色纯无杂点，遗传性状较稳定，性腺发育成熟。

（3）放养条件

雌、雄分养，比例为 1:1 ~ 2；密度控制在 450 ~ 750 尾 /hm²。

（4）鱼体消毒

投放亲鱼前用以下方法对其进行消毒：

① 5% 的食盐水溶液，浸洗 5 ~ 10min；

② 5 ~ 10mg/L 高锰酸钾溶液，浸洗 5 ~ 10min。

（5）投喂

饲料为配合饲料，日投喂量为鱼体重的 2% ~ 3%。日投喂 2 次，上午、下午各 1 次。投喂严格按照"四定"（定时、定点、定质、定量）原则进行。

（6）日常管理

亲鱼培育期间坚持早、中、晚巡池检查，观察亲鱼吃食、活动情况。

2. 人工催产

（1）催产前准备

产卵池面积通常为 20 ~ 30m²，池深为 0.1 ~ 0.12m。催产前首先对产卵池、鱼巢等进行彻底洗刷与消毒，使用 1g/m³ 的高锰酸钾溶液将其浸泡 1h 左右，然后用清水洗净、晒干，放水前把孵化网箱铺在产卵池及孵化池底部及四周，之后加入 0.4m 的清水，并在产卵池、孵化池中均匀地排布 2 排气石，24h 充气，水体溶解氧保持在 5mg/L 以上。

（2）成熟亲鱼的鉴别

159

催产前，先对亲鱼进行检查。完全成熟的雌鱼，腹部膨大、柔软、生殖孔红肿、外突；将尾柄上提，两侧卵巢下垂，卵巢轮廓明显；轻轻挤压腹部，有卵粒流出。成熟的雄鱼体表粗糙，泄殖孔周围松软，轻压腹部即有白色精液流出，遇水即散。

（3）催产

锦鲤进行人工催产使用的催产剂为 LHRH-A$_2$、HCG 等，每千克雌鱼注射剂量为 LHRH-A$_2$8 ~ 15μg、HCG800 ~ 1000IU，雄鱼注射剂量为雌鱼的一半。

（4）注射方法

通常采用一次性注射法。轻抱亲鱼使腹部朝上，头部位于水中，通常使用 5ml 针筒、7号针头。针管在鱼体胸鳍基部内侧向前，并和鱼体轴成 45°角，将针头迅速插入约 2.5cm，穿过肌肉直通胸腔进行注射。

3. 人工授精

催产剂产生效应后，首先将发情的雌鱼捞出，并裹于帆布鱼夹内，抱在手中，用干毛巾将体表擦干，左手握住鱼的尾柄，右手握住鱼的头下背脊处，腹部朝上成 45°角，轻压雌鱼腹部使卵子流入干燥、洁净的盆中，再以同样的方法迅速将雄鱼的精液挤入盆中。用消毒过的羽毛轻轻搅拌均匀，然后将卵均匀地撒在孵化池中的鱼巢上，受精卵遇水后具有一定黏性，能立刻附着在鱼巢上进行孵化，整个操作过程避免阳光直射。

4. 人工孵化

受精卵移入孵化池前，为抑制病菌发生，用 2% 盐水及 0.5% 甲醛对其进行消毒处理。孵化水温控制在 20 ~ 22℃，溶解氧保持在 6mg/L 以上，微流水，通常 76h 后开始有仔鱼破膜而出，持续 2d 后，鱼苗陆续孵出。整个孵化期，要及时去除死卵。

苗 种 培 育

1. 苗种培育池的规格

苗种培育池的规格：水泥池面积为 16 ~ 20m^2，池深 65 ~ 80cm；池塘面积为 600 ~ 1 500m^2，池深 150 ~ 200cm，初始水深 60cm，随着鱼苗的长大，逐渐加注新水至 120cm。

2. 放养密度

苗种培育期间，根据鱼体生长，在每次挑选时进行适当调整疏放，具体放养规格与密度关系为见表 1。

表1　苗种培育放养规格和密度的关系

放养规格（cm）		初孵仔鱼	2 ~ 3	4 ~ 5	6 ~ 7
放养密度	水泥池（尾/m^2）	200 ~ 220	160 ~ 180	120 ~ 140	30 ~ 40
	池塘（尾/hm^2）	1 950 000 ~ 2 250 000	180 000 ~ 225 000	90 000 ~ 120 000	22 500 ~ 30 000

户外池塘

3. 投喂

刚孵出的鱼苗，卵黄逐渐被吸收，游泳能力增强，待鱼苗可平游时，开始投喂蛋黄、轮虫等开口饵料。在孵化池中饲养 3d 后，仔鱼发育良好，体长已达 1cm，取出鱼巢，改喂轮虫或豆浆，每天上、中、下午各喂 1 次。当仔鱼长至 2 ~ 3cm 时，开始投喂适口的人工配合饲料。

4. 苗种分级饲养

在鱼种的养殖过程中，为减小生产水面负荷，提高单位面积的产值及降低生产成本，要对其进行分级饲养。分级饲养的放养密度分别为：A、B 级每公顷放养 3 750 尾，C 级每公顷放养 7 500 尾；可搭配鲢鱼、鳙鱼鱼种，每公顷放养 3 000 尾。

5. 日常管理

苗种培育过程中每天坚持昼夜巡塘 5 次：

上午，主要观察锦鲤的吃食及活动情况，观察有无疾病发生；

下午，记录池水的水温及透明度；

夜间，观察是否有缺氧及浮头征兆，及时开启增氧机；

凌晨，观察增氧机运转情况；

早上，观察锦鲤活动情况并及时开启增氧机。

注意：阴雨或暴雨天气，为保持水质清新，防止锦鲤因缺氧"浮头"，及时开启增氧机，并注入新水。

6. 苗种挑选

苗种的培育过程也是一个择优汰劣的过程，除了定期换水、喂食、巡视等日常管理外，通常要进行苗种挑选，第一、第二次挑选的细则为：

（1）苗种初次筛选

鱼苗长至 3～5cm 时进行初次挑选。

①红白锦鲤：去掉畸形、全红、全白的鱼，其他鱼全留下，待第二次挑选。

②大正三色锦鲤：去掉畸形、全红、全白、淡黑色的鱼苗，白嘴带花纹的鱼苗为标准的大正，初选时全部留下。

③昭和三色锦鲤：出苗后 3d 进行初步挑选，全黑的鱼苗（黑仔）留下，剩下白苗可与红白混养；第一次挑选 40d 后，将青黄色苗淘汰，其余留下。

（2）第二次挑选

鱼苗长至 8～10cm 时进行第二次挑选。

红白的挑选可按以下要求进行：

①筛除仅头部呈红色，且绯纹不完整者；

②除了丹顶红白锦鲤外，筛除全身红色花纹不到二成者；

③筛除红色花纹明显偏位（偏前、偏后、偏左、偏右）者；

温室养殖

162

④筛除碎石点红较多者；

⑤头部如同带头巾般呈全红者，除了花纹完整者外，其余应筛除；

⑥虽是素红，但红色特别强，从胸鳍到腹部呈红色者，以红鲤而言最有价值，应保留；

⑦背部全部呈现红色，但鱼体腹部呈现为洁白者，将会出现间断而可能会变为花纹，应保留；

⑧因遗传特性难以把握和池塘水质的差异，有时锦鲤的红色会出现淡红或橘红色，到了初秋时会突然变得美丽。虽然红色不好，但只要花纹的形状好看，应保留；

⑨保留红色花纹明显者；

⑩保留红色虽淡，但切边明确者。

大正三色的挑选可按以下要求进行：

①筛除背部无色，墨色或红色集中于侧线以下者；

②保留红斑、墨斑在白底中呈现花纹者；

③鱼体为蓝色且其颜色今后会变得深厚者，除非有严重缺点的，应保留；

④筛除鱼体呈现白色，墨色为碎石型者，若体色呈蓝色，虽有些碎石墨，仍应保留；

⑤保留胸鳍有一条或二条墨色条纹者，日后会变成为深厚墨色。

昭和三色的挑选可按以下要求进行：

①筛除体色完全无白底，或在灰色底中只有少许墨斑者；

②筛除在灰色底中有土黄色者；

③保留有白色、绯色、黄色的特征，且墨色明显者；

④不管色彩浓淡，应保留在墨纹中有红色者；

⑤墨色花纹特别好看而又明显者，即使红色质地较差，但仍有变为优质锦鲤可能的，应保留；

⑥筛除墨色部分和花纹少者（除非墨色质地特别好），但应保留红色花纹好看者；

⑦保留头部或胸鳍基部，以及口吻处有浓墨者，墨色有统一感者。

成鱼养殖

1. 放养时间

5月中、下旬。

2. 鱼种规格

体长 ≥ 5cm。

3. 鱼体消毒

投放鱼种前用以下方法对其进行消毒：

① 5% 的食盐水溶液，浸洗 5 ~ 10min；

② 5～10mg/L 高锰酸钾溶液，浸洗 5～10min。

4. 养殖池规格和放养密度

养殖池规格：水泥池面积为 50～100m²，池深 120～125cm；池塘面积为 2 000～3 500m²，池深 180～250cm。

放养密度：水泥池密度为 30～40尾 /m²；

池塘放养密度： A、B 级锦鲤 3 750～7 500尾 /hm²，C、D 级锦鲤 12 000～15 000尾 /hm²；另搭配规格为 5cm 左右的鲢鱼、鳙鱼鱼种 3 000尾 /hm²，鲢鱼、鳙鱼之间的比例为 3∶1。

5. 饲料

饲料以配合饲料为主，投喂量一般为鱼体重的 1%～3%。投喂量应根据季节、天气、水质和鱼的摄食情况进行调整。水泥池养殖的每日投喂 3 次，土池养殖的每日投喂 2 次。

6. 日常管理

坚持每天早、中、晚巡塘一次，观察水质的变化、鱼的活动和摄食情况，及时调整投喂量，加注新水；经常排污或清除池内杂物，保持池内清洁；阴雨天，及时开启增氧机；养殖操作要细心、轻缓；发现死鱼、病鱼及时捞出掩埋。

户外水泥鱼池

锦鲤的营养需求与饲料

　　锦鲤的基本营养需求与食用鱼一样，也需要蛋白质、脂肪、碳水化合物、维生素和矿物质等营养素，它们是维持动物身体健康、生长和繁殖所必需的物质。如果缺少其中的一种或多种营养素，或营养物质供给不均衡，鱼就会出现相应的营养缺乏症状，进而引起严重的疾病。同时，锦鲤作为一种观赏鱼，体色的鲜艳是体现其价值的重要因素之一。在同一品种中，除水温、水质、光照条件外，饲料对体色的影响作用最为突出，因此，其营养特点又不完全等同于食用鱼，需要在饲料中添加保持和加强锦鲤自然色彩的增色物质。

锦鲤的营养需求

1. 蛋白质和氨基酸

蛋白质是所有生物体的重要组成成分，鱼类依靠蛋白质在体内构成组织和器官；蛋白质供体组织蛋白质的更新、修复以及维持体蛋白质现状；蛋白质组成机体各种激素和酶类等具有特殊生物学功能的物质，保障机体的正常生理功能；由于鱼类对糖类的利用能力低，蛋白质还是鱼类能量的主要来源之一，鱼类对蛋白质的需要量较哺乳动物和鸟类高 2 ~ 4 倍。食物中蛋白质含量是否合适，对锦鲤的生长速度起决定作用。考虑到鱼体生长和经济效益，锦鲤的适宜蛋白质需要量为 30% ~ 42%，这与一般鲤鱼的需求相近。锦鲤不同生长阶段所需的蛋白量也不同，稚幼鱼阶段对蛋白质的需求量较大，随着鱼体的增大，对蛋白质的需求量逐渐降低。

从本质上说，鱼类对蛋白质的需求就是对氨基酸的需求。因为鱼体不能从简单的无机物合成氨基酸，而必须直接或间接地从摄取的食物中获得氨基酸。氨基酸分为必需氨基酸和非必需氨基酸，必需氨基酸是指鱼体自身不能合成，或合成速度不能满足鱼体需要，必须从食物中摄取的氨基酸。因此，在考虑锦鲤的蛋白质需求时，不仅要注意蛋白质的数量，更应该注重蛋白质质量。优质蛋白质中必需氨基酸种类齐全，数量比例合适，容易被鱼体吸收利用（参考表 2）。

表2　锦鲤的必需氨基酸需要量（NRC,1993）

氨基酸	需求量（%）
精氨酸	1.66
组氨酸	0.81
异亮氨酸	0.96
亮氨酸	1.27
赖氨酸	2.19
蛋氨酸	1.19
苯丙氨酸	2.50
苏氨酸	1.50
色氨酸	0.31
缬氨酸	1.39

2. 脂肪和脂肪酸

脂肪的生理功能包括为锦鲤提供能量；是锦鲤组织细胞的组成成分；有助于脂溶性维生素的吸收和在鱼体内的运输；提供锦鲤生长的必需脂肪酸；作为某些激素和维生素的合成原

料；对于锦鲤这一类观赏鱼而言，脂肪还有一个重要的作用，就是有助于脂溶性色素物质的吸收和利用，所以锦鲤的食物中必须含有一定量的脂肪。一般认为，锦鲤饲料中粗脂肪的含量在2%～8%均能达到较好的生长效果。锦鲤对熔点较低的脂肪（鱼油、大豆油、玉米油和麦芽油）消化吸收率很高。只是由于脂肪容易氧化酸败，对锦鲤而言，肝脏是储存脂肪的主要器官，如果饲喂了腐败的饲料，就会导致疾病和死亡，因此，脂肪添加量高的饲料应加强贮藏管理。

与温血的哺乳动物相比，鱼类对长链脂肪酸和高不饱和脂肪酸的需求量更大。低熔点的脂肪酸有利于锦鲤这类变温动物在低水温条件下保持细胞膜的弹性。锦鲤自身能合成除亚油酸和亚麻酸以外的所有脂肪酸，因此必须由食物直接提供这两种脂肪酸，其适宜添加量为两者各占饲料的1%。另外，磷脂具有促进锦鲤营养物质的消化、加速脂类的吸收，以及提供和保护饲料中不饱和脂肪酸的作用，故应考虑在锦鲤饲料中添加一些磷脂以满足其生长和健康需要。

3. 糖类

糖类是锦鲤生长所必需的一类营养物质，与蛋白质和脂肪相比，它是为鱼体提供能量的营养物质中最经济的一种。糖类摄入量不足，则饲料蛋白质利用率下降，长期摄入不足还可导致鱼体代谢紊乱，鱼体消瘦，生长速度下降。但摄入量过多，超过了鱼体对糖类的利用能力限度，多余部分则用于合成脂肪，长期摄入过量糖，会导致脂肪在体内的大量沉积，使鱼体呈病态型肥胖，将严重影响到锦鲤的体型和观赏价值。

糖类分为可消化糖类和粗纤维两大类，其中单糖、低聚糖、糊精和淀粉等可消化糖的生理功能是：①锦鲤体细胞的组成成分之一；②锦鲤能量的来源；③合成脂肪的重要原料；④可改善饲料蛋白质的利用。锦鲤能利用后肠的微生物群落消化糖类，因此对糖类具有较高的利用能力，当饲料中粗蛋白在35%～40%时，最适糖含量可达到40%～50%。因此可考虑在锦鲤饲料中包含较高的淀粉，以节约蛋白质，降低饲料成本。粗纤维一般不为鱼体消化，但适量的粗纤维具有刺激消化酶分泌，促进消化道蠕动的作用。一般锦鲤饲料中的粗纤维含量以鱼种不超过6%，成鱼不超过10%为宜。

4. 维生素

维生素是维持锦鲤正常新陈代谢和生理机能所必需的一类低分子有机化合物，在体内不能合成或合成量很少，必须经常由食物提供。锦鲤对维生素的需要量很少，每日所需量仅以毫克或微克计算，但由于自身不能合成，如果长期摄入不足或者由于其他原因不能满足生理需要，例如在产卵期间和高密度养殖条件下会对某些维生素的需要量增加，就会导致锦鲤物质代谢障碍，生长迟缓，抗病力下降。

维生素可分为两大类：脂溶性维生素和水溶性维生素。脂溶性维生素（维生素A、D、E、K）的吸收须借助于脂肪，且会在鱼体肝脏中大量贮存，待机体需要时再释放出来供机体利用。如果长时间给鱼体提供过量的脂溶性维生素，有可能使机体出现中毒反应。水溶性维生素（维生素C和B族）易溶于水，在机体内不能大量贮存，当组织内含量趋于饱和时，多余部分会随尿排出体外（参见表3）。

表3 锦鲤的维生素需要量（NRC,1993）

维生素种类	需要量（mg/kg 饲料）
A	4 000 ～ 20 000IU/kg
E	100.0
B_1	0.5
B_2	5.0
烟酸	28.0
B_{12}	锦鲤自身能合成
B_6	5.0
泛酸	30.0 ～ 50.0
肌醇	440.0
胆碱	1 500.0
生物素	1.0

5. 矿物质

矿物质分为含量约占鱼体内总无机盐60%～80%的常量矿物元素（钙、磷、镁、钠、钾、氯和硫）和含量不超过50mg/kg体重的微量矿物元素（铁、铜、锰、锌、钴、碘、硒、镍、钼、氟、铝、锶、铬等）。矿物质参与锦鲤骨骼的构建、调节渗透压、参与神经的构建以及保持血液系统气体交换的有效性。锦鲤能通过鳃和体表较好地吸收水中的矿物质，因此，人工饲料中矿物质的添加量需考虑各地的水质而定。在所有矿物质中，磷是最重要的元素之一，因为磷是机体生长、骨骼矿化、脂肪和糖类代谢所必需的元素，如果磷缺乏，会导致锦鲤食欲下降，脊柱弯曲。由于鱼体从水中吸收磷的量很小，因此必须从食物中得到补充。锦鲤饲料中磷的添加量一般以0.7%～1.0%为宜，这比一般鲤鱼的磷需求量(0.6%)略高。但要注意的是，在饲料中添加的磷过量会导致水体的富营养化（参见表4）。

6. 增色物质

对锦鲤而言，体色是影响其市场价格的主要因素之一。锦鲤的体色主要是由基因决定的，但许多因素(如光照、生理状况、饲料营养等)都能影响鱼的体色。许多研究都已经表明，鱼类可利用类胡萝卜素作为肌肉和皮肤的着色剂，但是鱼类自身不能合成这些色素，只能从食物中获得。水产动物中常见的类胡萝卜素有 β - 胡萝卜素、黄体素、玉米黄质、金枪鱼黄质和虾青素等。锦鲤能把玉米黄素代谢为虾青素，使自身呈现红色。锦鲤对各种色素的吸收利用能力也不同，吸收率由高到低依次为：玉米黄素、虾青素、叶黄素。由于鱼类具有将玉米黄素、

表4 锦鲤的矿物质需要量（NRC,1993）

矿物质种类	需求量
铜	3.0mg/kg
碘	150.0mg/kg
镁	0.05%
锰	13.0%
磷	0.6%
锌	30mg/kg

虾青素等转变为维生素 A 的能力，故饲料中维生素 A 不足会影响锦鲤对类胡萝卜素的沉积，而维生素 E 等可促进对类胡萝卜素的利用率。

色素本身的构型不同，增色效果也各有差异。天然色素具旋光性，在鱼体内的沉积率可高达 100%，比人工合成的色素要高。螺旋藻、小球藻和雨生红球藻粉都是改善锦鲤体色极好的色素源，但目前应用较多的主要是螺旋藻。在日本，利用螺旋藻作为锦鲤的增色剂已有很长的历史。用螺旋藻喂养观赏鱼，不论是红色素的鱼（如锦鲤、金鱼）还是非红色素的鱼，其体色会同样变得鲜艳美丽，且生长繁殖能力明显增加。化学合成法生产的着色剂有胡萝卜素、番茄红素、胡萝卜醛或胡萝卜酸乙酯、柠檬黄质和虾青素等，将其添加到鱼饲料中，均有一定的改善体色作用。还有一类着色剂是从天然色素源中提取的，例如微生物红法夫酵母能生产十几种类胡萝卜素，其中主要是虾青素和胡萝卜素，而野生菌中虾青素的含量能占到 40%～95%。目前，国外学者在保加利亚酸奶中分离出一种深红法夫酵母，与红法夫酵母相比其虾青素产量要高 80 倍，而且营养要求较低，生产速度较快，从而使虾青素的生产有望达到商品化，并有助于锦鲤的增色。

要注意的是，在锦鲤养殖中，一定范围内体色的鲜艳程度与食物中类胡萝卜素含量及投喂时间的长短呈正相关关系，但鱼体的色泽也并非始终随添加的色素量而加深，相反，如色素添加量超过一定限度，鱼体肌肉中沉积的色素量会增加下降。另外，在锦鲤的不同发育阶段或生理状态对色素的沉积能力存在一定的差异，不同性别的色素沉积能力也存在差异，一般是雄性比雌性强。对于同一条鱼而言，处于"转色期"时着色更明显，并且不同部位色素的分布不均匀，其含量为鱼尾＞鱼鳞＞鱼头＞鱼肉。此外，鱼体的健康状况会影响到摄食率、消化率，而最终影响其对色素的吸收利用情况，影响其在体表及肌肉中的沉积量，影响鱼体的色泽。鱼体的养殖环境如光照、水温、溶氧、pH、浮游生物等都会影响色素在体表、肌肉的沉积率。不良的水体环境影响鱼体生活状况，进而影响到色素的吸收和沉积。

由于受到品种、水温、年龄、大小、活力等诸多因素的影响，要明确锦鲤所有的营养需求是不可能的。上述仅为锦鲤营养需求的一个参考范围，在应用中要根据实际情况做相应调整。

锦鲤的饲料

锦鲤的饲料可分为天然饵料和人工配合饲料两种。天然饵料营养全面，易于消化，尤其利于性腺的发育。常见的天然饵料有轮虫、水蚤、水蚯蚓、草履虫、摇蚊幼虫、蚯蚓等动物性饵料以及鲜嫩蔬菜、芜萍等植物性饵料，可人工培养或野外采集获得。人工配合饲料是根据锦鲤各发育阶段的营养需要，将蛋白质、脂肪、碳水化合物、维生素、矿物质、增色物质等营养成分按一定比例混合制成。高质量的人工配合饲料可以完全替代天然饵料。

1. 天然饵料

（1）轮虫

轮虫是轮形动物门的一群小型多细胞动物，身体为长形，分头部、躯干及尾部，因其头部有一个由 1 ~ 2 圈纤毛组成的、能转动的轮盘，形如车轮，故称为轮虫。轮虫是小型浮游动物，型体微小，长约 0.04 ~ 2mm，多数不超过 0.5mm。轮虫广泛分布于湖泊、池塘、江河、近海等各类淡、咸水水体中。轮虫因其极快的繁殖速率，生产量很高，是大多数经济水生动物幼体的开口饵料，在渔业生产上有很大的应用价值。

我国常见轮虫有 20 多种，颜色多为灰色，俗称"大灰水"。目前，作为锦鲤开口饵料的主要是产自海水的褶皱臂尾轮虫（*Brachinonus plicatilis*）。这种轮虫个体小，游动速度较慢，在淡水中能存活 2 小时左右，因此是锦鲤稚鱼理想的开口饵料。但因其会很快沉底，为了方便小鱼摄食，在喂鱼时要用蠕动泵泵送轮虫入养殖池，以保证其悬浮。与褶皱臂尾轮虫的淡水培养难度大、存活时间短和使用不方便相比，淡水产的萼花臂尾轮虫（*B. calyciflorus*）因其地理分布范围广，池塘、湖泊、江河中均有分布，对环境的适应能力强、易于大量培养，运动缓慢，存活时间长且在水中能保持悬浮等优点，正逐渐成为锦鲤重要的天然饵料之一。

（2）草履虫

草履虫是一种身体很小，圆筒形的原生动物，它只由一个细胞构成，是单细胞动物。体长只有 180 ~ 280 μm。因为它身体形状从平面角度看上去像一只倒放的草鞋底而叫做草履虫。分布很广，喜欢生活在有机物丰富的池塘、

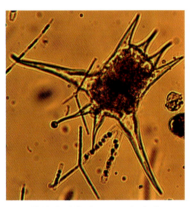

萼花臂尾轮虫（图：张清靖）

草履虫

水沟、洼地，通称"小灰水"。是孵出不久的锦鲤稚鱼就能开始摄食的一种极重要的天然饵料。

（3）水蚤

水蚤是指水生枝角类和桡足类两大类浮游动物，又叫鱼虫、苍虫。水蚤的体色根据其食物的不同而呈现出绿色、棕色、红棕色和灰色。在我国各地的河流、湖泊、池塘中均有分布。水蚤具有丰富的营养且容易消化，是锦鲤鱼苗、鱼种的适口饵料。以水蚤为食物的锦鲤，不仅生长良好，而且对于缺氧、污染等不良环境的耐受力提高。注意水蚤在饲喂前必须反复清洗，以免带入病原。

（4）水蚯蚓

水蚯蚓（红线虫、丝蚯蚓、颤蚓、线蛇）属环节动物中水生寡毛类。体色鲜红或青灰色，细长，一般长4cm左右，最长可达10cm。红线虫繁殖快、营养价值高（干物质中含粗蛋白62%，必需氨基酸总和达35%，氮回收率达98%），是锦鲤苗种期喜食的开口饵料。红线虫喜生活在有机质丰富的微泥水域的淤泥中，所以在投喂之前要用3%～4%食盐水或10mg/L高锰酸钾浸浴消毒处理，避免水蚯蚓体内聚集一些淤泥中的毒素或病原菌对锦鲤造成危害。另外，水蚯蚓一旦死亡会立即腐败，因此要保持鲜活，可将水蚯蚓放入浅盆中，倒入少许水，置于阴凉处。每天换水2～3次，可保存7d左右。

（5）摇蚊幼虫

摇蚊幼虫（血虫、红虫）在各类水体中都有广泛的分布，而且数量较大，其生物量常占水域底栖动物总量的50%～90%。摇蚊幼虫营养丰富，蛋白质含量占干物质的41%～62%，脂肪占2%～8%，大小适宜，适口性好，营养全面，富含观赏鱼所需的血红素，不会污染水体，残存的摇蚊幼虫也不会对养殖对象产生危害。由于摄取水体中的有机碎屑，还能净化水质，因此是锦鲤的高级活体饵料。因为摇蚊幼虫的皮质较厚，较难消化，所以投饵量不要超过总饵量的50%，要与其他饵料混合投喂。摇蚊幼虫在清水中漂洗后，用菜叶包住置阴凉处，每天淋水2～3次，在25℃以下可保存两周左右。养殖的摇蚊幼虫还可以冷冻保存，其保存期可达18～24个月。

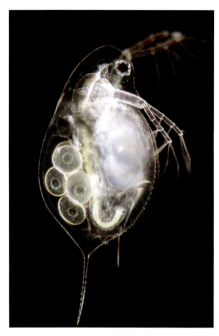

水蚤

水蚯蚓

（6）蚯蚓

蚯蚓体长约 60 ~ 120mm，体重约 0.7 ~ 4g。生活在潮湿、疏松和肥沃的土壤中，身体呈圆筒形，褐色稍淡。蚯蚓的蛋白质含量约占干重的 53.5% ~ 65.1%，脂肪含量约为 4.4% ~ 17.38%，此外，蚯蚓体内还含有丰富的维生素 D（约占鲜体重的 0.04% ~ 0.073%），以及钙和磷（约占鲜体重的 0.124% ~ 0.188%）等矿物质元素，是一种营养价值很高的天然饵料，经过驯食后可以成为锦鲤的优质饵料。

锦鲤作为杂食性鱼类，除上述动物性的天然饵料之外，还会采食豆饼、菜饼、面包屑等，也采食浮萍和池塘周围的其他植物。应注意不要饲喂菜豆、豌豆或玉米等原料，因为锦鲤不能消化这些食物表面的硬壳。尽管锦鲤的天然饵料种类繁多，但存在着来源和供给不稳定、不宜长期保存、容易携带病原、长期投喂会造成锦鲤因缺乏维生素或氨基酸而引起营养方面的疾病等缺点，因此在养殖过程中要注意不能将天然饵料作为锦鲤的常备食物，而只能作为常规饲料的补充。

摇蚊幼虫

蚯蚓

2. 干燥饵料

将活饵料水蚯蚓、红虫、水蚤、蚯蚓等经热风干燥或真空冷冻干燥处理，做成容易保存的粉状或固体形态。干燥饵料因加工工艺的原因其营养价值比活饵略低，但具有容易购买与保存、易于投喂等优点，因此是目前较为流行的一种饵料形式。目前，国外销售的罐装血虫等干燥饵料多是采用真空冷冻干燥制成，其营养价值几乎不亚于活饵料，对鱼的生长较有利。

3. 人工配合饲料

人工配合饲料是根据水产动物的营养需求，将多种原料按一定比例均匀混合，经加工成一定形状的饲料产品。与天然饵料相比，人工配合饲料具有以下优点：配合饲料是按照锦鲤不同生长阶段的营养需求和消化生理特点配制的，营养全面、平衡；经过加工过程的蒸汽调质和熟化，增强了饲料的水中稳定性，且易于消化；配合饲料常年可制备且便于贮存，不会因为天气、季节影响致使饵料供应不上，从而能保障供应，满足投饲需要。

人工合成饲料

在使用配合饲料投喂时，饲料类型和数量因锦鲤的大小和养殖规模而异。在小规模养殖环境下，虽然锦鲤是底部采食的鱼类，但经过驯化可以很快地适应到水上层摄食，因此最好选用漂浮性的膨化饲料，一来膨化饲料的熟化度较好，更有利于锦鲤的消化吸收，提高了饲料的利用率；二来膨化饲料的水中稳定性更好，能保持饲料在 1 ~ 2h 内不散，而其漂浮性还能使养殖爱好者很方便地将水面上的残饵及时捞出，从而减少了饲料对水体的污染。如果养殖的锦鲤规格大小相关较大，可以将颗粒大小不同的饲料混在一起投喂，但一定要保证小鱼能吃饱。锦鲤无胃但贪食，短时间内摄食太多会造成消化不良，所以投喂应以少食多餐、无残饵为原则，每次投喂量以在 5min 左右吃完为宜。

在锦鲤的规模化养殖中，天然饵料的供应无法满足需求，因此更适合投喂配合饲料。目前市售的人工配合饲料品牌众多，大多数出售的锦鲤饲料都以谷类为基础，再添加不同的成分以增加锦鲤的色彩或帮助锦鲤消化，养殖者根据不同规格的鱼选择相应粒径的饲料即可。为锦鲤投喂饲料最好也采取"定时、定位、定质、定量"的四定原则。投喂量和投喂次数依据鱼的健康状况、水质状态、水温情况等作适当调整，其中水温最为重要。春秋季节水温较适宜，日投饲量可掌握在鱼体重的 1% ~ 1.5%，分两次投喂；冬季水温低，如有摄食反应，可一天只投喂一次，日投饲量在鱼体重的 0.3% ~ 0.5%；夏季温度升高，鱼体活动量大，是主要生长期，每日可投喂 3 ~ 6 次，较小的锦鲤（如体长在 15 ~ 20cm）饲喂 5% 体重的饲料，而大的成熟的锦鲤（如体长超过 20cm）只饲喂 2% 体重的饲料。如果选择膨化饲料，要适当减少投喂量，为硬颗粒料的 80% 即可。

锦鲤常见病和防治对策

引发锦鲤患病的病害种类很多，主要由病毒、细菌、真菌、原生动物、寄生甲壳类以及营养失调和环境恶化引起。患病的锦鲤轻则生长缓慢，体色和体形异常，影响到其观赏价值和商品价值；重则会导致死亡。

病 毒 病

鲤春病毒血症（Spring viremia of Carp，简称SVC）

鲤春病毒血症（SVC）是一种以出血为临床症状的急性传染病，流行于整个欧洲。2002年始传至美国，中东及中国等地也发现本病。可在鲤、锦鲤、鲢、鳙、欧鲇、丁鲹等鱼类中流行并发生明显的症状，其中鲤是最敏感的宿主。本病通常发生于水温18℃以下的春季，可引起幼鱼和成鱼死亡。

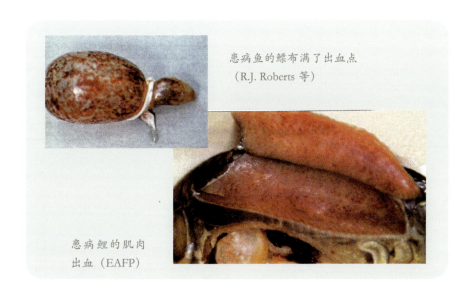

患病鱼的鳔布满了出血点
（R.J. Roberts 等）

患病鲤的肌肉出血（EAFP）

【症状】病鱼表现为无目的地漂游，体发黑，腹部肿大，皮肤和鳃渗血。解剖后可见到腹水严重带血；肠、心、肾、鳔有时连同肌肉也出血，内脏水肿。

【病原】鲤弹状病毒（*Rhabdovirus carpio*）

【防治方法】

（1）最重要的是采取彻底的防疫措施，严格执行检疫制度。

（2）将水温提高到 22℃ 以上可控制本病的发生。

（3）病鱼可通过尿、粪、鳃、黏液等排泄病毒，幸存病鱼几乎检不出病毒，但是在产卵期的生殖液中有时可检出病毒。因此，有必要对发眼卵进行消毒。锦鲤发眼卵可在有效碘浓度为 50mg/L 的聚乙烯吡咯酮碘消毒，15min 即可。另外也可用酒精消毒。

（4）用消毒剂彻底消毒可预防本病的发生，用含碘量 100mg/L 的碘伏消毒池水，也可用季铵盐类和含氯消毒剂消毒水体。

锦鲤疱疹病毒病（Koi herpesvirus disease，简称 KHVD）

1998 年以色列和美国发生了本病。2003 年在日本也发生了本病，造成鲤鱼大量死亡。本病仅感染锦鲤和鲤，并可导致 80% 以上的死亡率。发病高峰水温为 22 ~ 28℃。

【症状】病鱼停止游泳，多数病鱼表现为眼球及头部皮肤凹陷。鱼体上出现苍白的块斑和水疱，鳃出血并产生大量黏液或组织坏死，鳞片有血丝。

【病原】疱疹病毒（Koi *Herpesvirus*）。

【防治方法】

（1）最重要的是采取彻底的防疫措施，严格执行检疫制度。

（2）将水温升至 30 ~ 32℃，维持 7d 以上，可抑制死亡。但是，愈后的鱼有可能成为带毒鱼，应引起注意。

（3）发眼卵用聚乙烯吡咯酮碘 50mg/L，15min 的条件下消毒有效。

病鱼鳃出血，组织坏死
（江育林 摄）

细菌及真菌病

病鱼体表、鳍等处出现溃烂

溃疡病（Ulcer disease）

【症状】以体表溃疡为主要特征。病鱼的躯干、鳍及鳍基部、口吻部、鳃盖等处出现溃疡。死亡率较高。内脏器官无肉眼可见病变。

【病原】非典型杀鲑气单胞菌（Atypical *Aeromonas salmonicida*）（日本）；维氏气单胞菌（*Aeromonas veronii*）（中国）。

【防治方法】口服氟苯尼考，以及在患部涂抹碘酊等治疗方法有效。

细菌性烂鳃病（Bacterial gill-rot disease）

通常在鳃、鳍、口吻及体表出现病灶。水温在 20℃以上时易发病。

【症状】初期在鳃的顶端有一部分变白，或鳃瓣出现黄白色的细小附着物，黏液也开始分泌异常。然后出现淤血，变成暗红色，食欲降低，动作缓慢，渐渐脱离群体。症状严重时，鳃部分变成灰白色，中心变成灰色或黄色时开始腐烂缺损。呼吸次数增加，漂浮在水面，口和鳃盖开闭频繁。严重者或沉于池底，或翻转，或时而狂奔游动，眼球凹陷或突出。

【病原】柱状屈桡杆菌（*Flexibacter columnaris*）。

【防治方法】发病后应立即着手治疗，同时应防止发生蔓延。治疗锦鲤时可采用抗生素药浴和口服抗生素相结合的方法。但是由于病鱼食欲减退，口服给药时很难收到一致的疗效。在治疗锦鲤时推荐使用抗生素和食盐混合的药浴方法。在流行期间，鱼在出池或倒池前后进行药浴。

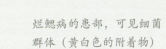

烂鳃病的患部，可见细菌群体（黄白色的附着物）

（1）在发病季节，每月全池遍洒生石灰 1 ~ 2 次，使池水的 pH 保持在 8 左右（用药量视水的 pH 而定，一般为 15 ~ 20mg/L）

（2）盐酸土霉素短时间药浴——每立方米水放入 25g 盐酸土霉素进行 4h 的药浴。水温高时药的投放量要少，水温低时药的投放量要多点。

（3）盐酸土霉素和食盐整池撒放——每立方米水放入 3 ~ 5g 盐酸土霉素和 5g 食盐，进行 7 ~ 10d 的药浴。水温高时药的投放量要少，水温低时药的投放量要多点。和氧气循环并用效果更好。

（4）每千克鱼每天用 10 ~ 30mg 卡那霉素拌饲投喂，连喂 3 ~ 5d。

（5）每千克鱼每天用 10 ~ 30mg 氟哌酸拌饲投喂，连喂 3 ~ 5d。

（6）每千克鱼每天用磺胺 -2,6- 二甲嘧啶 100 ~ 200mg 拌饲投喂，连喂 5 ~ 7d。

（7）大黄经 20 倍 0.3% 氨水浸泡提效后，全池遍洒，浓度为 2.5 ~ 3.7mg/L。

竖鳞病（Lepmorthosis）

竖鳞病又称立鳞病、松鳞病、松球病等，是锦鲤的一种常见病。本病主要发生在春季，水温 17 ~ 22℃。

【症状】病鱼离群独游，游动缓慢无力。严重时身体失去平衡，身体倒转，腹部向上，浮于水面。疾病早期体表粗糙，鳞的底部积满脓性水样物、鳞片倒立，严重时全身的鳞片变得像松果球一样，所以也叫松球病。体表各处常伴有出血，并有食欲不振、眼球突出、腹部膨胀，腹腔内积有腹水。鱼体、鳃、肝、脾、肾、肠组织均有不同程度的病变。

【病原】水型点状假单胞菌（*Pseudomonas punctata*），也有人认为气单胞菌（*Aeromonas* spp.）也可引起本病。

全身呈松果状的病鱼

【防治方法】

（1）鱼体表受伤是引起本病的可能原因之一，因此在运输、放养和捕捞时，勿使鱼体受伤。

（2）用 3% 食盐水浸洗病鱼 10 ～ 15min 或用 2% 食盐和 3% 小苏打混合液浸洗 10min。

（3）轻轻压破鳞囊的水肿疱，勿使鳞片脱落，用 10% 温盐水擦洗，再涂抹碘酊，同时肌内注射碘胺嘧啶钠，有明显效果。

（4）三氯醋酸钠药浴——每立方米水放入 1 ～ 2g，进行 5 ～ 7d 药浴。

（5）盐酸土霉素和食盐药浴——每立方米水放入 3 ～ 5g 盐酸土霉素和 5g 食盐，进行 7 ～ 10d 的药浴。

（6）每千克体重用 10 ～ 20mg 的恶喹酸和饲料混合后投喂。

（7）每千克体重用 50mg 的盐酸土霉素和饲料混合投喂 7d 以上。

（8）每千克体重每天用 100 ～ 200mg 磺胺二甲氧嘧啶，连用 3 ～ 5d。

（9）内服氟哌酸，每千克鱼每天用 10 ～ 30mg ，连用 3 ～ 5d。

嗜水气单胞菌感染（Aeromonas hydrophlia infection）

嗜水气单胞菌（Aeromonas hydrophlia）广泛存在于自然界中，并且有许多毒力不同的株，因而引起症状的严重程度有很大差异。

【症状】嗜水气单胞菌感染锦鲤时，以皮肤或鳍的皮下出血性红斑为其特征。初期时体表和鳍因黏液分泌变白，不久后，即可看到皮肤、皮下出血。严重时腹部皮肤变为红色，表皮脱落、出血，形成溃疡。肛门也因充血而变红，常伴有立鳞现象。

【病原】嗜水气单胞菌（Aeromonas hydrophlia）。

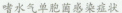

嗜水气单胞菌感染症状

病鱼患部伴有充血

病鱼体表、鳍和口边可见出血性赤斑

【防治方法】嗜水气单胞菌是淡水中普遍存在的一种常在菌，通常不具有很强的病原性。但当水质骤变、饲养环境恶化、鱼体力低下时，鱼易受到嗜水气单胞菌感染而发病。所以通常需使饲养环境完备，避免水质恶化、水温骤变等。

（1）硫酸铜、硫酸亚铁合剂全池泼洒，使池水浓度分别为硫酸铜 0.5 mg/L，硫酸亚铁 0.2 mg/L，隔天再进行一次。可起到预防作用。

（2）含氯消毒剂（60% 含氯量）全池泼洒，便池水浓度为 0.3～0.5 mg/L，隔天再泼洒一次。可起到预防作用。

（3）鱼发病时可用盐酸土霉素等抗生素和饲料混合，进行 7d 左右的投喂。

（4）三氯醋酸钠药浴：每立方米水放入 1～2g，进行 5～7d 药浴。

（5）盐酸土霉素和食盐药浴：每立方米水放入 3～5g 盐酸土霉素和 5g 食盐，进行 7～10d 的药浴。

水霉病（Saprolegniasis）

本病为真菌病，除在冬季易发外，在其他季节也能发生。本病的发生有两个原因，一是在进行选鱼等过程中造成鱼体外伤；二是在适合水霉类繁殖的 20℃ 以下水温养鱼。

【症状】外观特征：鱼体表面附着称为菌丝体的绵毛状物，似毛皮状。繁殖在体表的水霉从表皮组织侵入鱼体内，使寄生部位坏死。病鱼开始焦躁不安，与其他固体发生摩擦，以后鱼体负担过重，游动迟缓，食欲减退，最后瘦弱而死。在鱼卵孵化过程中，本病也常发生。内菌丝侵入卵膜内，卵膜外丛生大量外菌丝；被寄生的鱼卵因外菌丝呈放射状，故又有"太阳籽"之称。

水霉病的病鱼，被水霉侵蚀的组织已坏死

水霉的菌丝

【病原】 最常见的水霉（*Saprolegnia*）和绵霉（*Achlya*）两个属的种类，属水霉科（Saprolegniaceae）。

【防治方法】

（1）勿使鱼体受伤，同时注意合理的放养密度，能预防本病的发生。

（2）全池泼洒亚甲基蓝，使池水成 2 ～ 3mg/L 浓度，隔两天再泼一次。

（3）苏打、食盐混合液（1:1）全池泼洒，使池水成 8mg/L 的浓度。

（4）用 1% ～ 3% 的食盐水溶液，浸洗产卵鱼巢 20min，有防病作用。

（5）内服抗细菌的药，以防细菌感染，疗效更好。

（6）使用免疫促进剂，提高鱼体抗病力，有助于预防本病发生。

寄 生 虫 病

鱼波豆虫病（Ichthyobodiasis）

【症状】疾病早期没有明显症状。当病情严重时，可见皮肤及鳃上黏液增多，寄生处充血、发炎、糜烂。大鱼患病时，可引起鳞囊内积水、竖鳞等症状。病鱼离群独游，游动缓慢，食欲减退，以至不吃食，呼吸困难而死。

【病原】飘游鱼波豆虫（*Ichthyobodo necatrix*）。

【防治方法】

（1）鱼池用生石灰或漂白粉进行消毒。

（2）加强饲养管理，注意水质，提高鱼体抵抗力。

（3）鱼种放养前用 8 ～ 10mg/L 浓度硫酸铜（或 5:2 硫酸铜、硫酸亚铁合剂）药浴 10 ～ 30min。

（4）10 ～ 20mg/L 高锰酸钾药浴 10 ～ 30min。

（5）2% 的食盐水，进行 10 ～ 20min 的药浴，并严格遵守时间，如发现异常，立即中止。

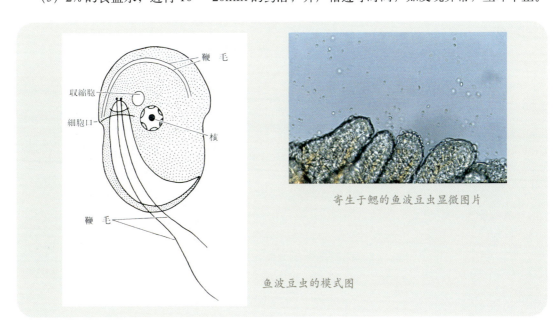

寄生于鳃的鱼波豆虫显微图片

鱼波豆虫的模式图

黏孢子虫病 (Myxosporidiosis)

黏孢子虫病没有明显的流行季节，一年四季均可发现。其地理分布很广，危害也比较大。黏孢子虫的生活史比较复杂，各种之间也有差别，有些种类目前尚不清楚，因此其感染途径也不清楚。

【病原】黏孢子虫（*Myxosporidia*）属于黏体门（Myxozoa）、黏孢子纲（Myxosporea）。这一类寄生虫种类很多，主要寄生在海水、淡水鱼类中，少数寄生在两栖类和爬虫类。寄生部位包括鱼的皮肤、鳃、鳍和体内的各器官组织。其中寄生于锦鲤的危害较大的黏孢子虫种类主要是野鲤碘泡虫（*Myxobolus koi*）、吉陶单极虫（*Thelohanellus kitauei*）和一种单极虫（*Thelohanellus hovorkai*）。

【症状】病鱼症状随寄生部位和不同种黏孢子虫而不同。通常在组织中寄生的种类，形成白色胞囊，胞囊有两种类型，小型的只能在显微镜下才能见到，大型的肉眼可见。例如野鲤碘泡虫侵袭鱼体表和鳃等组织，鳃盖因被患部压迫呈打开的状态，呼吸困难，继而变得衰弱，死亡率较高。吉陶单极虫寄生于鱼肠管内导致肠肿瘤，这种肿瘤会妨碍肠管内食物等的移动而导致摄食不良，身体变瘦，甚至衰弱至死。另外一种单极虫，一般常寄生于鱼的体表，头部和体表出现血斑。

【防治方法】如果有经验的话仅凭眼睛便能判断，因这种病没有有效的治疗方法，只有对发病鱼进行隔离。病鱼呼吸困难，所以供氧必须充足，另外容易并发鳃腐烂病，所以抗生素的药浴也应该实施。发生过一次疾病的池，每年都很有再次发生的可能。

最好一发现鳃长出胞囊，就立即处理，防止传染给其他鱼，或将病鱼捞起来烧掉，或涂满石灰后埋入土中。另外，像土塘等，发过病的池水有必要采取措施，防止其流入其他池中。

【预防措施】

（1）不从疫区购买携带有病原的苗种，严格执行检疫制度。

（2）用生石灰彻底清池消毒。

（3）不投喂带黏孢子虫病的鲜活小杂鱼等。

（4）发现病鱼、死鱼及时捞除，并泼洒防治药物。

（5）对有发病史的池塘或养殖水体，30d 全池泼洒敌百虫 1 ～ 2 次，浓度 0.3mg/L。

【治疗方法】

（1）全池遍洒晶体敌百虫浓度为 0.3mg/L，可减轻寄生在鱼体体表及鳃上的黏孢子虫的病情。

（2）寄生在肠道内的黏孢子虫病，用晶体敌百虫或盐酸左旋咪唑拌饲投喂，同时再全池遍洒晶体敌百虫，可减轻病情。

斜管虫病 (Chilodonelliasis)

斜管虫病是容易发生在秋冬季节低水温时期的病。斜管虫是属于热带淡水鱼的寄生虫，通常只在 20℃以上繁殖，但是鲤斜管虫只寄生于锦鲤、金鱼、鲤等体内，且在低水温下繁殖。而且在不利繁殖的环境下能自己制造囊胞并在其中长期生存，等待繁殖的机会到来。常在 20℃以下，特别是水温 5 ～ 10℃的水温中分裂增殖，突发性地发生。

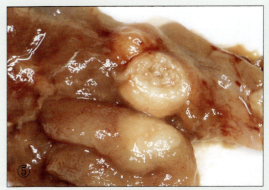

① 野鲤碘泡虫病
② 野鲤碘泡虫病，鳃部形成了大块的寄生体
③ 野鲤碘泡虫孢子的显微镜图片
④ 野鲤碘泡虫病鳃的放大图片
⑤ 病鱼肠道形成的肿瘤
⑥ 病鱼
⑦ 病鱼体侧的特写
⑧ 体表单极虫的孢子显微镜图片
⑨ 吉陶单极虫孢子的显微镜图片

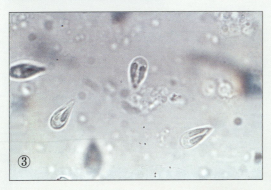

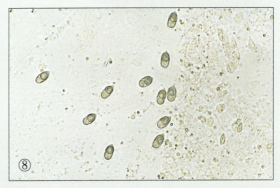

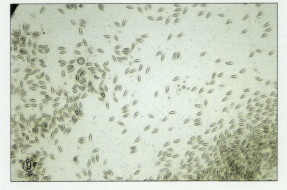

【症状】鲤斜管虫寄生于鱼的鳃和皮肤上，少量寄生时对寄主危害不大，大量寄生时可引起皮肤及鳃上有大量黏液，鱼体与实物摩擦，表皮发炎、坏死脱落，呼吸困难而死。鱼苗患病时，有时有拖泥症状。

【病原】 鲤斜管虫（*Chilodonella cyprini*）。

【防治方法】

（1）鱼池用生石灰或漂白粉进行消毒。

（2）加强饲养管理，注意水质，提高鱼体抵抗力。

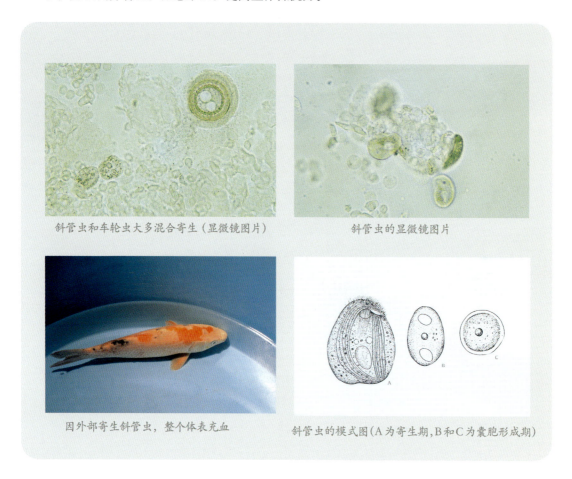

斜管虫和车轮虫大多混合寄生（显微镜图片）　　　斜管虫的显微镜图片

因外部寄生斜管虫，整个体表充血　　　斜管虫的模式图（A为寄生期，B和C为囊胞形成期）

（3）鱼种放养前用8～10mg/L浓度硫酸铜（或5:2硫酸铜、硫酸亚铁合剂）药浴10～30min。

（4）10～20mg/L高锰酸钾药浴10～30min。

（5）2%的食盐水，进行10～20min的药浴，并严格遵守时间，如发现异常，立即终止。

小瓜虫病（Ichthyophthiriasis）

小瓜虫病又叫白点病（White spot disease）。发病后，病情发展很快，传染性也高，是一种最需要警戒的病。水温25℃以下，一年中都可发病，特别是水温易变的初春梅雨季节和初秋容易发病。再者，水温和水质突然变化也经常导致发病。白点病早期发现时最关键，初期时候治疗能够马上消除白点恢复健康。

【症状】初期在胸鳍，头部等长出1mm以下的小白点，故叫白点病。当病情严重时，躯干、头、鳍、鳃、口腔等处都布满小白点，有时眼角膜上也有小白点。寄生部分泌大量黏液，白而混浊，表皮腐烂、脱落，甚至蛀鳍、瞎眼，病鱼体色发黑，消瘦，游动异常，能够看见病鱼在池底使劲摩擦身体的动作，有时也能看到像发疯一样的动作，没有食欲，身体衰弱，最后病鱼呼吸困难而死。

【病原】小瓜虫（*Ichthyophthirius* spp.）寄生淡水鱼上的是多子小瓜虫（*I.multifiliis*）。

【预防措施】小瓜虫常随新鱼、水等侵入池中，在新鱼放入前或品评会展出后的鱼，要彻底驱虫之后再放入池中。另外，在池水非常污浊，鱼体抵抗力下降时，小瓜虫会突然性大量繁殖，所以要十分注意池水的净化。

【治疗方法】

(1) 1%的食盐水，进行1h药浴，连续3d。

(2) 色素剂药浴，每立方米水加亚甲基蓝1～2g。

(3) 水温提升到28℃以上，水温一上升，小瓜虫繁殖就停止，可以自然治愈。

为了实行有效果的治疗，投药后，在药失效之前，换掉1/3～1/2的水，再次投药，如此数次反复，大体上可完全驱虫。

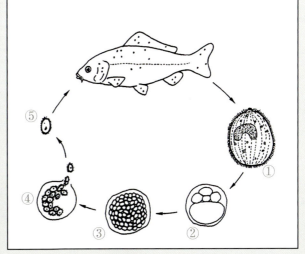

（上）小瓜虫的显微镜图片

（下）病鱼体表分泌有白浊黏液

小瓜虫生活周期示意图：
①离开鱼体的营养体；②在囊胞内分裂；③幼虫形成；
④放出的幼虫；⑤寄生

固着类纤毛虫病（Sessilinasis）

【症状】本病较常见，固着类纤毛虫少量固着时一般危害不大，外表没有明显症状。但当水中有机质含量多，换水量少时，该虫大量繁殖，充满鳃及体表各处。寄生于鳃时，头部变大，鱼体纤瘦。寄生在体表时，特别是体侧的侧线附近的鳞片上有 1 ~ 2 处米粒大的白点，然后渐渐扩大、转移，皮肤充血、发红。症状恶化时，白点部分的鳞片竖立起来，患部周围充血以及鳞片缺损脱落，然后表皮出现溃疡。鱼会有用力摩擦体表的动作，到了末期就会在接近水面的地方浮游，并变得食欲不振。在水中溶氧较低时，可引起大批死亡。

【病原】种类很多，最常见的为聚缩虫（*Zoothamnium* spp.）、累枝虫（*Epistylis* spp.），其次为钟虫（*Vorticella* spp.）、拟单缩虫（*Pseudocarchesium* spp.）、单缩虫（*Carchesium* spp.）及杯体虫（*Apiosoma* spp.）

【防治方法】

（1）泼洒亚甲基蓝，每立方米水泼洒亚甲基蓝 1 ~ 2g 即可。

（2）用 2% 的食盐水进行短时间的药浴，每立方米水放入食盐 20kg 进行 10min 药浴，恢复期进行多日反复药浴。另外，需注意水的 pH 不能变化太大。

（3）用碘酒涂擦患部，反复数日。碘酒，如果渗入鳃中会引起药害，所以应注意不要涂到患部以外的部位。

（4）用三氯醋酸钠进行药浴，每立方米水用 1 ~ 2g 进行 5 ~ 7d 药浴。

（5）用盐酸土霉素进行药浴，每立方米水用 3 ~ 5g 进行 5 ~ 7d 的药浴。

（6）直接投喂盐酸土霉素，将盐酸土霉素拌入饲料中，按每千克体重 50mg 的药量，投喂 5 ~ 7d。

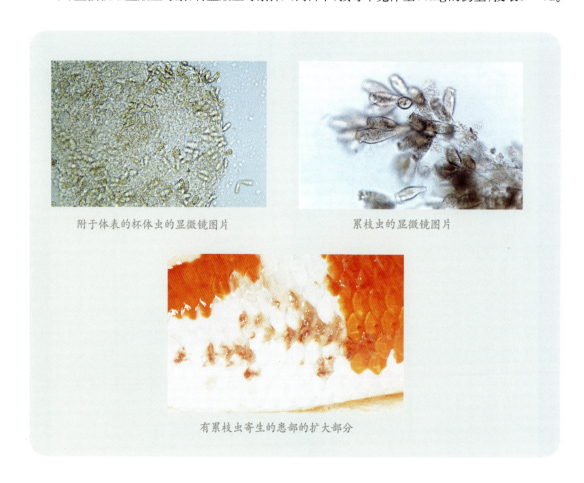

附于体表的杯体虫的显微镜图片　　　　　累枝虫的显微镜图片

有累枝虫寄生的患部的扩大部分

车轮虫病（Trichodiniasis）

【症状】车轮虫主要寄生在鱼的鳃和体表各处。少量寄生时，没有明显症状；多量寄生时，黏液分泌异常，特别头部白浊，身体充血。没有食欲，接近水面浮游，或聚集在注水口，而且动作缓慢，有时使劲摩擦身体。甚至呼吸困难而死。有种特殊情况：饲养10多天的鱼苗，被大量车轮虫寄生时，鱼成群结队围绕池边狂游，呈"跑马"症状。

【病原】车轮虫（*Trichodina* spp.）和小车轮虫（*Trichodinella* spp.）

【防治方法】同固着类纤毛虫病。

车轮虫的显微镜图片　　　　　　　　　寄生于鳃的车轮虫（显微镜图片）

指环虫病（Dactylogyriasis）

【症状】大量寄生时，病鱼鳃丝黏液增多，鳃丝肿胀，苍白色，贫血。病鱼鳃盖张开，呼吸困难，游动缓慢而死。指环虫在鳃丝的任何部位都可寄生，用后固着器上的中央大钩和边缘小钩钩在鳃上，用前固着器黏附在鳃上，并可在鳃上爬行，引起鳃组织死亡。导致呼吸困难，致使全身性缺氧，而加剧各器官出现广泛性病变。

鳃部寄生了指环虫的锦鲤

指环虫、车轮虫和小瓜虫的混合寄生

寄生于鳃的指环虫

【病原】指环虫（Dactylogyrus spp.）属于单殖吸虫，其中寄生于鲤鱼的主要是坏鳃指环虫（Dactylogyrus vastator）；宽指环虫（Dactylogyrus extensus）和小指环虫（Dactylogyrus minutus）。

【防治方法】

（1）鱼种放养前，用20mg/L的高锰酸钾浸洗15～30min，以杀死鱼种上寄生的指环虫。

（2）全池遍撒90%晶体敌百虫，使池水达0.2～0.3mg/L的浓度，或2.5%敌百虫粉剂1～2mg/L浓度全池遍洒。

（3）用1%～1.5%的盐水浸泡20min可以驱虫。

（4）福尔马林，200～250mg/L的浓度浸洗病鱼25min或25～30mg/L的浓度全池泼洒。

三代虫病（Gyrodactyliasis）

【症状】三代虫寄生在鱼的鳃部、鳍和体表皮肤，寄生数量多时，鱼体瘦弱，呼吸困难，食欲减退，体表和鳃黏液增多，严重者鳃瓣边缘呈灰白色，鳃丝上呈斑点状淤血。稚鱼期尤为明显。

【病原】三代虫（Gyrodactylus spp.）属于单殖吸虫，其中寄生于鲤鱼的常见种类有：秀丽三代虫（Gyrodactylus eleganse）、细锚三代虫（Gyrodactylus sprostonae）和一种三代虫（Gyrodactylus khemlensis）。

【防治方法】同指环虫病。

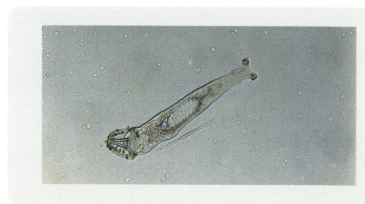

三代虫的显微镜图片

头槽绦虫病（Bothriocephalusiosis）

【症状】头槽绦虫寄生于鱼的肠管内。头槽绦虫的寄生从外观上很难判断，解剖来看，可看到肠管内塞满了白色的长虫，出血。一般绦虫类除大量寄生的情况外，不会给鱼体带来危害。锦鲤的头槽绦虫是比较大型的，所以大量寄生时，容易使前肠壁异常扩张，肠前段出现慢性炎症，由于肠内密集虫体，造成机械堵塞。

【病原】鱼矛头槽绦虫（Bothriocephalus acheilognathi）寄生于鲤科的多种鱼。

【防治方法】普遍认为绦虫的卵或幼虫被水蚤等捕食，鱼在吃了它们后感染。因此，在污染池内，用含有磷的杀虫剂消灭池内的水蚤起到预防作用。另外，其虫和卵怕干燥和结冻，在冬季抽干池水，使虫卵死亡可防止感染。

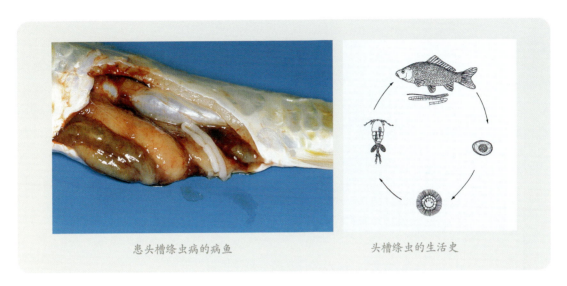

患头槽绦虫病的病鱼　　　　　　　　头槽绦虫的生活史

治疗方法：用 90% 晶体敌百虫 50g 与面粉 500g 混合制成药面进行投喂，连喂 3 ~ 6d（头节是否脱落有待证实）。

锚头鳋病（Lernaeosis）

【症状】雌成虫固着、寄生于鱼体表。由于其头部钻入宿主的皮肤组织内，结果使寄生部位的周边发生炎症和大量分泌黏液。钻入部位的皮肤及其下面的肌肉坏死，引起细菌、原虫、霉菌等的再次感染。寄生部位的鳞片被"蛀"成缺口，鳞片的色泽较淡，在虫体寄生处亦出现充血的红斑，但肿胀一般较不明显。大量寄生时病鱼呈现不安，食欲减退，继而鱼体消瘦，游动缓慢而死。

【病原】鲤锚头鳋（*Lernaea cyprinacea* Linnaeus）。

【生活周期】名字的由来是因其头部有锚形突起，学名叫做 *Lernaea cyprinacea* 。属于甲壳类的一种，被分类为水蚤类。雌成虫 1cm 大，有 1 对卵囊。从这个卵囊孵化的幼虫（无节幼体）从鱼体分离后有一段时间自由生活，然后再寄生于鱼体。所以最好于这段时间对幼虫进行驱虫。附着于鱼体的幼虫桡足幼体期成熟后交配，雄虫随即死去并从鱼体脱落。雌虫则生存下来成锚形的突起进入鱼体组织进行固定生活。锚头鳋在 12 ~ 33℃ 都可以繁殖，继而成长至

锚头鳋，头部锚型的钩状物钩进鱼体寄生

附于鱼体的锚头鳋，在顶端部分有积满卵的卵囊

189

6～7mm 长时开始产卵，在一个半月至两个月的寿命期间产约 5 000 个卵，以此周期重复循环，如放置不管的话，则会以天文数字增长。为抑制大量繁殖，宜在春季进行彻底的驱虫。

【防治方法】全池泼撒晶体敌百虫，使池水浓度成 0.3～0.7mg/L，杀死池中锚头鳋的幼虫，根据锚头鳋的寿命及繁殖特点，须连续下药 2～3 次，每次间隔的天数随水温而定。一般为 7d，水温高时间隔的天数少；反之，则多。敌百虫对成虫或卵囊内的卵的驱除没有效果，可驱除刚从卵里孵出的幼虫，但须反复使用才可看到效果。另外，为防止伤口的二次感染须用抗菌剂或消毒剂进行消毒。

鲺病（Arguliosis）

【症状】鲺寄生在鱼的体表、口腔、鳃。成虫、幼虫均需寄生生活。由于鲺腹面有许多倒刺，在鱼体上下不断爬动，再加上刺的刺伤，大颚撕破体表，使鱼体表形成很多伤口，出血，使病鱼呈现极度不安，急剧狂游和跳跃，严重影响食欲，鱼体消瘦，且容易并发赤皮病、立鳞病等，常引起幼鱼大批死亡。

【病原】鲺（*Argulus* spp.）。

【防治方法】全池泼撒晶体敌百虫，使池水浓度成 0.3～0.7mg/L。隔 7d 后再驱虫一次。另外，为防止伤口的二次感染须用抗菌剂或消毒剂进行消毒。

鲺的成虫　　　　　　　　　寄生于臀鳍根部的鲺

寄生于胸鳍的鲺　　　　　　寄生于体表的鲺

其 他 疾 病

气泡病 （Gas-bubble diseasa）

【症状】各鳍的血管里出现小泡粒状的气泡，也出现在眼的周围、头部等部位。当肠内或腹腔内产生气泡，其浮力使鱼浮在水面，因疲劳或暴露身体，干燥死亡。当氮气过饱和时，眼球有时会凸出，如果病情继续发展，就会引起血液循环障碍，陷入狂奔状态而死亡。

【病因】水中某种气体（例如氧气、氮气等）过饱和，都可引起水产动物患气泡病；越幼小的个体越敏感，主要危害幼鱼，如不及时抢救，可引起幼鱼的大批死亡，甚至全部死亡。水中浮游植物过多，在强烈阳光照射下，水温高，藻类的光合作用旺盛，可引起水中溶氧过饱和。有些地下水含氮过饱和，或地下有沼气，也可引起气泡病。

【防治方法】症状轻的状况下应尽快将鱼移到安全的水里。如果不能将鱼捞起，则采取曝气的方法将多余的氮气或氧气放出，尽可能多地注入些清水。氧气过饱和时，可减少绿藻量，同时降低水温。

患气泡病的鱼

上图的放大照片（部分），
背鳍上可见到气泡

睡眠病 （Sleeping disease of koi）

【症状】聚集在池底的鱼渐渐睡着似的横转，能看到腹部，停止游动，浮在水中。乍一看像死了一样，但是对于声音反应敏感，会像受到惊吓一样逃跑，然后马上又翻转。病鱼的外观出现浮肿而且眼珠凹陷，放置不管则出现死亡的情况非常多。

【病因】还不确定。日本的山田石雄认为由痘病毒样病毒感染所致。通常认为在水温、水质变化时移动鱼是本病的诱因。由于病毒侵害，鳃上皮细胞的渗透压调节功能障碍，是导致病鱼死亡的原因。

池中患睡眠病的鱼

【防治方法】将水温升至 20 ～ 25℃，在 0.6% ～ 0.7% 盐水和抗生素水中持续药浴 10 ～ 14d，对治疗本病有显著疗效。另外，鲤鱼在入越冬池时用 0.6% ～ 0.7% 盐水浴并加温，然后逐渐添加新水冲淡盐水，可预防本病。

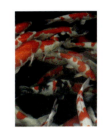

鱼池的建设

鱼池位置

鱼池建造要选择便于管理、观察的位置，锦鲤池建好的初期，每天必须检查设备运转情况和水的基本指标；锦鲤池的位置以既能向阳又能遮阴为佳，在强烈阳光的照射下，浮游生物繁殖旺盛，易导致水中溶解氧、水温等因子的急剧变化，因此须将鱼池建于阳光适宜的位置，适宜的阳光可促进锦鲤的健康生长，有助于其活动与摄食。如果鱼池周围没有可利用的遮挡物时，可以选择栽种一些竹子、灌木或乔本植物等，用以遮挡强烈的日光，同时还可增强鱼池景观效果。

池塘的建造

池塘一般为长方形，东西走向，长宽比例宜为5:2或2:1，池底平坦，但要向中间倾斜，倾斜度一般为1:150～450。池壁护坡比例宜为1:1.2～1.3，护坡表面光滑平整，护坡深入池底0.3～0.5m为宜。池底淤泥要浅，一般应在0.1～0.2m。进水口和排水口应分设于土池两端，进水口位置高于土池最高水位，末端应安装网袋或栅栏，排水口应为土池最深点，使用时宜加设移动方便的防逃网罩，排水口不应妨碍拉网操作。池塘面积为600～3 500m²，池的水深应为1.5～2.5m。水源水质应符合淡水养殖用水标准。池塘要求配备1～2台增氧机，池塘的土质以壤土最好，黏土次之，最好不要选择砂土。

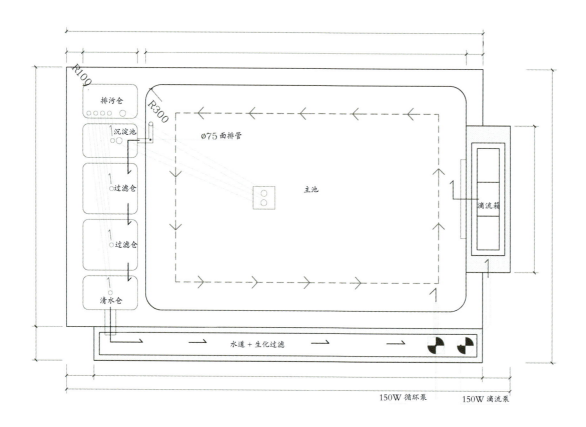

鱼池及过滤系统平面示意图

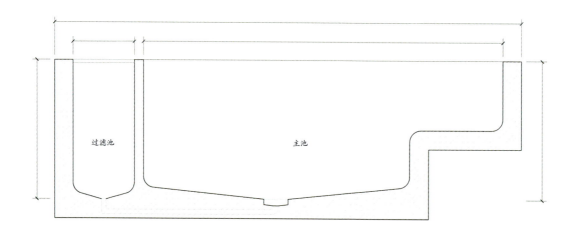

鱼池及过滤系统剖面示意图

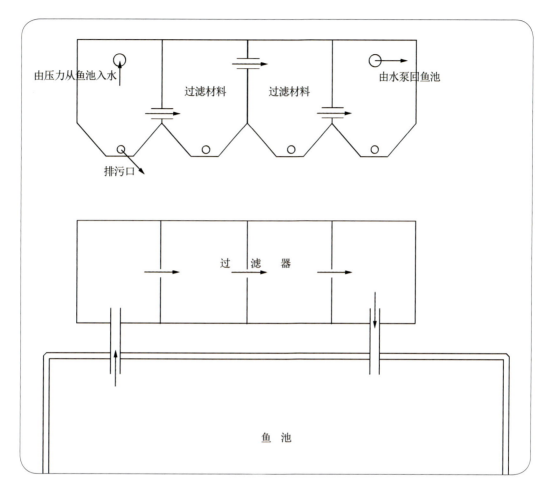

由压力从鱼池入水

过滤材料　过滤材料

由水泵回鱼池

排污口

过　滤　器

鱼　池

水泥池的建造

水泥池一般采用砖砌或是混凝土浇筑，池内壁要平滑，避免凹凸不平，池面宜宽阔些；为了使池水流动时没有死角，有利于残饵及粪便集中排出，保持池水清新，水泥池底部应四周略高，向中央倾斜，形成一定坡度。为了防漏及防止水泥碱对于鱼的侵害，新建水泥池内壁需要涂以塑胶漆，也可贴瓷砖。水泥池的面积至少要 2m² 以上，饲养大型锦鲤的池深需要 1.8 ~ 2.5m，饲养小型锦鲤的水泥池深度 0.8 ~ 2m 左右，形状及构造可依个人喜好修成正方形、长方形、圆形、不规则形等中式或西洋式造型。

1. 给排水

水泥池要具备独立的进、排水口，进水口设在池上方，进水水流方向与鱼池圆切线成45°角，这样流入池中的水可带动池水沿一个方向流动，利用水的旋流将池中污物集中到池底中央。主排水口设在池底中央，由此经地下连接水管将底层污水导至水处理池，在水处理池接垂直排水管，池底污水由此排至水处理池；上层水排水管设在与水处理池相连的部位，用以排放水面杂物、油膜等。调整水处理池垂直排水管的高低可以调整由排水管以及由池面排水口所排出的水量。过量的水通常由垂直排水管排水较理想，这样可将池中污物清除，但

玻璃钢成品过滤槽

大规模 PVC 过滤槽

是夏天水温高而水面漂浮杂物多时，就要打开池面排水管，增加上层水排放，将水面漂浮杂物排出。

经处理池过滤净化后的水用水泵抽提送回养殖池，可设两个或数个喷口入池，几个循环水进水方向必须与进水口方向一致，最好是由右方入池，使池水发生由右向左的旋转为佳。如果安装有气泡发生装置，也应装在同一方向。

2. 过滤循环装置

（1）工作原理

锦鲤水泥池水质的清澈洁净，水质的保持，是一个重要而且复杂的课题，因此必须十分重视过滤循环系统的设计和安装。水泥池需要有一个高效节能的过滤循环系统，根据池的大小可设置一个或多个池底排水管道和水面撇沫器。鱼的粪便和食物的残渣将通过精心设计的环状水流和重力的作用，自动经过池底的排水管道排入过滤设施中。含有大量微粒和有机物的水，将首先通过物理过滤设备，将粗大的颗粒拦截下来，清理干净，然后到达生物过滤设备。在生物过滤设备中，安装有透水性能良好的生化毯或毛刷。生化毯或毛刷上着生大量的硝化细菌等有益细菌，用来消除水中对鱼有害的氨氮等物质，这些细菌必须借助于增氧系统产生的大量氧气来生存。然后，经过紫外线照射净化的水将通过一个水泵抽提至水泥池中。需要注意的是，向养殖系统中补新水时，应补加入水处理池中，新水在水处理池中与循环水混合后再进入水泥池，这样可避免池水水质剧烈变化，同时可去除新水中残留的氯及其他有害因子。

（2）基本结构

过滤系统设在水处理池中，水处理池通过养殖池排水管和水泵与养殖池相连。水处理池一般分三层，依次为沉淀池、过滤池和进水池。各仓中需填充对养殖污水有净化作用的滤材，并装置灭菌设备，如紫外杀菌灯、臭氧灭菌装置等。水处理池中同时还应有曝气装置，

大型过滤桶成品

鱼池水泵

以增加循环水体中的溶氧量。

沉淀池：即粗滤。此为养殖循环水进入水处理系统的第一个环节，在此先把水中的大颗粒杂质及悬浮物去除，减轻整个水处理系统的压力。

过滤池：经过沉淀仓的水进入过滤仓，过滤仓为生物净化池，通过硝化作用和反硝化作用降解水体的氨态氮和硝酸盐态氮，使其转变为氮气排入大气，处理后的水可以再次进入循环系统利用。

进水池：经过进水仓的水会经水泵抽提进入鱼池，因此要做好最后一关的消毒处理。进水仓一般装有紫外、臭氧等消毒杀菌装置，利用紫外线、臭氧对过滤后的水体进行杀菌、消毒、去除异味等，使处理后的水质清新、洁净。

（3）常用滤材

利用吸附原理的滤材。利用吸附原理将溶解在水中的有害离子去除。常用滤材有活性炭、麦饭石等。其他还有离子交换树脂等，但需要有特殊装置。

活性炭：活性炭水质处理技术已有数十年历史，一般用于消除水中异味、色度、余氯，以及有害的有机化学物质。活性炭去除污染物质的方法主要是运用吸附原理，即利用污染物质吸附在炭体表面以去除污染物。不同用途的活性炭用来吸附不同种类的污染物。净化空气用的活性炭的微孔直径，必须略大于有毒有害气体分子的直径，才具备对有毒有害气体的吸附能力；净水用的活性炭，主要用来吸附水中的杂质和有毒有害物质，这些杂质和有毒有害物质，大多以固体或液体的形态残留在水中，它们的颗粒或分子的直径要比气体分子的直径大几百甚至千倍。

麦饭石：具有独特的吸附有害物质、溶出矿物质的双效神奇功能，可吸附排泄物、残饵、动物尸体及底层污物等分解出的氨、亚硝酸盐、硫化氢、重金属等有毒物质，更有除臭、稳定pH等作用。同时麦饭石富含多种金属氧化物，可自然释放出各种微量元素，达到改善水质的效果。

着生有益菌群的滤材。利用大的比表面积易使有益细菌群繁殖着生的滤材，可有效去除水体中的有机物质。这些滤材有生化球、生化毯、毛刷等。

生化毯：在众多的生化过滤材料中，品质优良的生化毯因使用寿命长、比表面积大、硝化细菌附着效果好，一直深受锦鲤养殖专业者和资深爱好者喜爱。这种产品重量轻，而且特

过滤毛刷

牡蛎壳

别适合硝化细菌的繁殖生长，生化过滤效果佳。另外，生化毯纤维粗大，硬度高，受压后回弹性良好，使用寿命可达十年以上。

毛刷：适用于大中型水处理池，此种滤料选用聚烯烃类和聚酰胺中的几种耐腐、耐温、耐老化的优质品种，采用特殊的拉丝、丝条制毛工艺，将丝条穿插固着在耐腐、高强度的不锈钢丝上，刚柔适度，使丝条呈立体均匀的排列辐射状态，制成了悬挂式的单体。毛刷在有效区域内能立体全方位均匀舒展布满，使气、水、生物膜得到充分混渗并接触交换，生物膜不仅能均匀地着床在每一根丝条上，保持良好的活性和空隙可变性，而且能在运行过程中获得愈来愈大的比表面积，进行良好的新陈代谢，可较大面积吸附水中悬浮物，并催生硝化菌的生长，分解有害物质，从而达到生物和物理过滤的效果。

3. 锦鲤放养前的准备

（1）水泥碱的去除

新建造的水泥池由于混凝土会渗出水泥碱而危害锦鲤健康，因此，锦鲤入池前必须除去水泥碱。水泥碱的除去方法有醋酸法、干冰法及涂塑胶漆等方法。通常使用酸中和法，即在新建成的池中注满水后，每立方米的水中加入约50g的冰醋酸并混合均匀，浸泡24～48h，将水排出，再重复一次，然后用清水浸泡水泥池一周左右，排干即可使用。

（2）水质要求

要使锦鲤的颜色鲜艳且富有光泽，就必须调整水质至理想状态。理想的水质要求pH值为7.1～7.3，铁离子、氯离子、硫酸根离子等含量少，溶氧充足，硬度在8德国度以下。地下水常富含重金属离子，且溶氧偏低，必须加以处理才能使用。河水一般较浑浊，且混有工业废水和生活污水，氨氮偏高，使用前必须经过生化过滤处理。自来水是经过处理的水，来源方便，但水中残留的氯气对锦鲤有害，必须经过曝气除氯处理再加入鱼池中。雨水的pH低，同时含有多种不良因子，因此要设法避免将其与池水混合。不管是用哪种水，新水都不宜短时间加入太多，否则鱼儿可能因为不适应而引发疾病。

4. 日常管理

（1）饲养锦鲤最重要的是水质管理，要及时将鱼体排泄物及残余饲料去除，每天需排出池底水或过滤槽的底水1～2次，同时过滤槽也需常用逆洗法冲洗，将鱼的排泄物、残余饲料、悬浮杂质以及重金属离子等有害因子排出。

（2）水流不畅或过滤循环不良时，水池的角落常堆积一层污泥，要经常用虹吸法吸出，以保持池水清洁。

（3）上层水排水管常会被较大的杂物堵塞，致使上层水无法顺畅排出，故需常加巡视，及时清除。

（4）落在水泥池中的树叶不但会使池水腐败，还会消耗溶氧，必须及时清除。

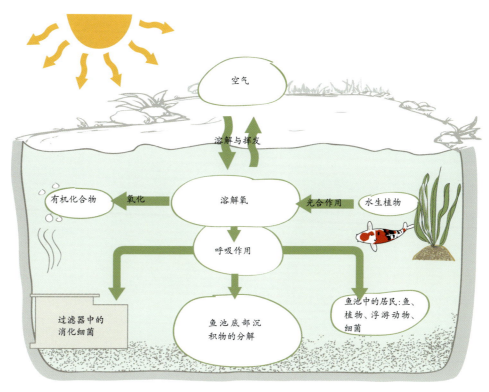

鱼池中氧的循环

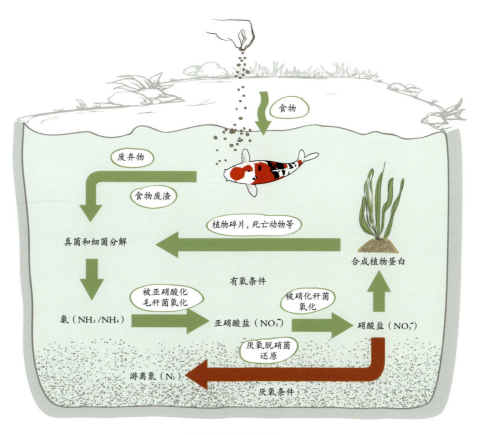

鱼池中氨氮的循环

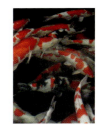

锦鲤的家庭饲养

锦鲤不仅体色鲜艳夺目、花纹变幻莫测,而且饲养管理简单、易成活。加之其具有象征着"福寿吉祥"的寓意,因此深受广大观赏鱼爱好者的亲睐。目前锦鲤的家庭养殖的主要方式有水族箱饲养和庭院饲养。

水 族 箱 养 殖

1. 养殖水族箱的选择

目前市场上的水族箱大小、形式琳琅满目,工艺精美,可供选择的样式令人眼花缭乱,那么如何选购水族箱就成为养殖前首先要解决的问题,在这里,笔者主要从材质、规格两个方面给锦鲤爱好者一些意见。首先材质方面,目前国内制造的水族箱材料通常利用玻璃和压克力两大类,它们的差异是玻璃材质的质量重、耐抗击性差,但价格便宜,压克力材质的质量相对较轻、透光性能好,耐抗击性,但价格昂贵,这就要根据购买者的爱好选择了。另外规格方面,养殖锦鲤的水族箱相对大一些,市场上可供选择的规格通常有 90cm×45cm×45cm、120cm×45cm×45cm 等,也可以根据购买者的要求订制。

水族箱中的锦鲤

2. 水族器材的配置

完整的水族箱需要具备水生动植物等维生系统，主要包括过滤系统、照明系统、温控系统、增氧系统、消毒系统等，其中最重要、结构最复杂的便是过滤系统，这也是水族箱成本最高且必不可少的核心部分。养殖用水中有害的物质包括鱼的新陈代谢废物、残饵等都要靠过滤系统滤除，水族箱只有完备的过滤系统，才能维持良好的水质环境。

水族箱中的过滤方法主要有三种：生物过滤法、机械过滤法和化学过滤法。生物过滤法主要指在生物循环过滤系统中培养异氧性细菌和好氧性细菌，通过氧化和还原的作用，使饲养水质达到养殖标准的过滤系统；机械过滤法主要指利用潜水泵、管道泵、过滤泵等作为水推动力把水族箱内悬浮的微小物质与循环水分离。

根据水族箱过滤系统在水族箱中的位置，通常分为外置过滤系统和内置过滤系统。前者多用于中、大型水族箱，不过水草箱的小型水族箱也可使用；后者一般用于小型水族箱，根据水族箱的需要可以放置在水族箱的任何位置。外置过滤系统根据安装在水族箱中的位置的不同，又可分为缸上过滤槽和缸下过滤槽、侧面过滤槽等。

说到水族箱的过滤系统自然离不开过滤材料，目前常用的过滤材料有过滤棉、活性炭、砂石、生物过滤球等。

过滤棉通常为一种人工合成的材料，如海绵、膨松棉等。性质稳定，具有过滤残饵、粪便等大颗粒物质的作用。

活性炭是一种具有酸碱中和功能的过滤材料。它最大的优点是可以使养殖用水的酸碱度趋于中性，防止鱼酸中毒或碱中毒，同时，活性炭还可以有效去除水族箱中的气泡和小分子化合物，与过滤棉相似，可去除许多过滤棉无法除去的污染物。鉴于活性炭的众多优点，它已成为水族箱养殖中最常用、最重要的过滤材料。

砂石也是一种有效的过滤材料，性质也比较稳定，主要包括大颗粒的溪砂和石英砂等。

生物过滤球是一种由高级塑料制成的滤材，球形，直径通常为 2～3cm，球内具有很多孔，表面积通常为 200m²，具有存贮氧气和培养大量消化细菌的作用，这种滤材多用于滴流式过滤器中。

锦鲤由于体型较大，耗氧量大，生活在水族箱有限的空间中，必须要配置较好的增氧系统

生物球

陶瓷环

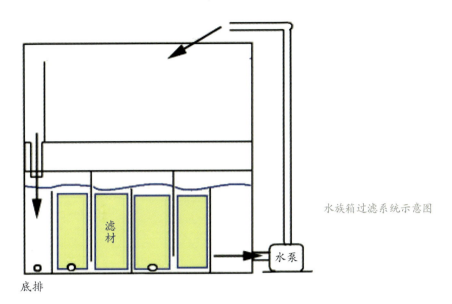

水族箱过滤系统示意图

改善生活环境。否则，会导致水质败坏、恶化，致使锦鲤因缺氧而"浮头"，甚至死亡。

3. 锦鲤的选择及放养

放养在水族箱中的鱼儿应为健康活泼的个体。原则上主要从三方面对鱼儿进行判断：①从鱼体表看：鱼体干净，无厚厚的黏液附着，鱼鳍、鱼鳞等完好无缺，眼睛明亮。②从游姿看：游动自如，鱼体协调，表现出活泼的游姿，遇到外界刺激能快速躲藏或逃避，应激性较高。③从觅饵看：抢食快，灵活，食欲强。

将鱼儿买回家后，切不可直接拆包将鱼儿放入水族箱中，否则鱼儿会因环境急剧改变而劳累不适，甚至死亡。正确的做法是，应先将装鱼的塑料袋外部洗干净，整体浸入水族箱中泡15min，待塑料袋内外水温基本一致后，再打开塑料袋让鱼儿缓慢游出。

4. 日常管理

（1）饵料及投饵方法

锦鲤是一种杂食性鱼类。如水蚯蚓、红虫、水蚤、米饭等都可投喂，但以投喂添加有天然增艳物质的人工配合饵料为佳。

通常情况下，要根据鱼儿的摄食情况、性成熟程度、养殖水质的具体情况做适当调整，建议每天投喂 2 次，上、下午各一次，每次喂量应能在 5 ~ 10min 内吃完为宜。

需要注意的是：鱼儿入缸后，24 小时内不要投喂，因为鱼儿刚到新的环境条件，需要一段时间的适应，所以鱼儿一般不进食，鱼儿放养 24 小时后，熟悉了周围的环境，便可进食。

（2）换水与清污

鱼儿养殖过程中，换水是调节水族箱水质的有效方法之一，可以防止水质变坏，威胁鱼儿的健康。因此，必须根据水族箱的具体情况定期换水，通常情况下，每 15 ~ 20d 换水一次，换水量为总量的 1/3 ~ 1/2，温差不超过 1.5℃，新水注入前应保证充分的曝气和过滤。

很多养殖观赏鱼的爱好者认为水族箱有过滤系统就不必清污了，这是错误的观点。不但要定期清洗过滤系统，而且还要清洗水族箱底部及装饰物沉积的有害物质，这些是过滤系统无法

家庭水族箱中的锦鲤
畅快地游弋，是居室
生活的靓丽点缀

清除的。所以，养殖爱好者应定期对水族箱进行清污，最好与换水同时进行。水族箱内清污通常用缸刷将箱体上的藻类和污物去除，底部通常采用虹吸法。

（3）光照

光照是锦鲤保持体色鲜艳、健康生长的重要环境因素，它可以使锦鲤变得更加亮丽，光照越多，色泽越光亮，特别是太阳光。其次光照对水质转化和调节很重要。因此，水族箱应适当地接受日光照射，每天最好达到 3～4h，如果选择照明灯管的话，应选择日光灯照射。

（4）其他管理措施

水族箱过滤系统的维护：对于以海绵、活性炭等为主要滤材的过滤系统，需要不定期地进行清洗或更换，通常情况下，活性炭 2～3 个月换一次。

水族箱养殖的夏季管理：夏季气温较高，特别是南方，会造成水族箱内水温也升高，一般情况下，当水族箱的水温超过 30℃时，会出现"中暑"现象，且水温高，鱼儿会加快水质恶化的速度，所以夏季时应适当的增加换水和吸污的次数。

5. 水族箱布景

随着人们欣赏水平的不断提高，对陪衬景物的要求越来越高，通过水族箱的环境布景，可充分体现自我个性和生活品位，可如何才能布置出具有高品位的水族箱呢？在这里，笔者介绍一些基本常识，以供水族爱好者参考。

首先说一说水族箱的搭配素材。目前市场上常见的水族箱装饰物有底砂、水草、岩石，还有一些小桥、宝塔、小龟、枯木、阁楼、贝壳、背景图等。底砂作为布景时，要充分考虑对水族箱中饲养的鱼儿和水草的影响，是否有毒、是否清洗干净。另外，还要考虑到底砂的粒径的大小，粒径太小不利于水草发育，粒径太大，易沉积鱼儿的残饵和粪便，极不易清洗，而使养殖用水变坏。水草是许多水族养殖者增加水族箱美观的选择，水草种类繁多，且生活习性大相径庭。在水族箱中养殖水草，要考虑两点，第一，水草的生长不要对鱼儿造成威胁，比如释放激素、缠绕鱼儿等均不可以；第二，同一个水族箱中应该选择生长条件相似的水草品种。在常见的水草中水榕、苹果草等较适宜做前景；皇冠草、宝塔草较适宜做后景。选择天然和人工雕琢的岩石作为布景材料多边缘要光滑，且必须要考虑其对水质的影响。特别需要注意的是无论选择哪种布景材料，在放入水族箱之前，均要消毒、漂洗，防止病毒和其他有害物质等渗入到水族箱中。

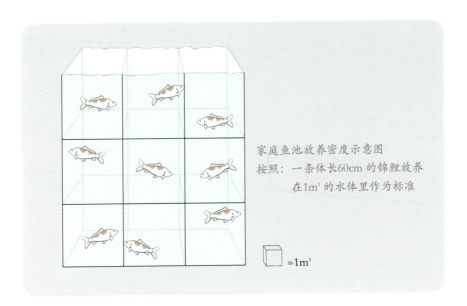

家庭鱼池放养密度示意图
按照：一条体长60cm的锦鲤放养
在1m³的水体里作为标准

=1m³

其次介绍一下水族箱的布景类型。归纳起来主要有5种类型，即以鱼为主，以石为主，以草为主，以装饰物为主及综合布景等。

最后介绍一下水族箱的布景工序。

第一步：铺底砂，水族箱清刷干净后，将清洗的砂子铺在水族箱底部，厚约4～5cm，可适当地埋些积肥。

第二步：摆放岩石及装饰物，通常按照由高及低，由大及小，由内及外的顺序摆放，可以选择一块形状好的岩石作为主石。主石要放在水族箱一侧，紧靠主石的位置可以摆放几块小的岩石作为陪衬，同时再搭配些小的装饰物，如小桥、小龟、贝壳、阁楼等。

第三步：栽种水草，栽种水草时可直接用小铲或手挖坑插入，而后埋上沙子，也可以栽种在小盆中，再将花盆放入水族箱。

庭 院 养 殖

1. 庭院养殖池

庭院养殖锦鲤一般采用正方形、长方形或者圆形的水泥池，养殖池可选择在庭院的空地或房顶建设。要求池底向排水口一方倾斜，通常将中心排水口设在养殖池的底部中心，池底部中间低，四周高，便于排水、排污。如果选择庭院空地建设养殖池，通常选择通风向阳、水源充足、给排水方便、且离房屋较近的地方建池，利于观赏和日常管理，池边不宜有大型的落叶乔木，以免污染水质。

庭院养殖池的规格一般在15～40m²，水深1.2～2.5m，水体不宜过浅，否则水温易受天气等环境因素的影响，对锦鲤的健康不利。

为了保持良好的水质，养殖池一定要建有配套的过滤循环装置，其主要作用就是可以去除水中悬浮物，降低氨氮、亚硝酸盐的含量，并分解有害的有机物。

庭院池中的锦鲤

2. 饲养品种的搭配

庭院饲养锦鲤，观赏者可以从任何一个角度欣赏锦鲤的风采。根据视觉效果说，通常以红白锦鲤、大正三色锦鲤、昭和锦鲤的一个品种或多个品种为主，搭配色彩鲜艳的其他品种，如黄金锦鲤、白金锦鲤、浅黄锦鲤、白写锦鲤、秋翠锦鲤等。

3. 饲养管理

饲料投喂：庭院饲养的锦鲤最好投喂添加有天然增色物质的人工配合饲料为佳。饲料投喂应遵循"四定"的原则，即"定量"、"定时"、"定质"、"定位"。定量，指每天、每次投喂的饲料数量应一定，当然这也不是绝对的，要根据鱼儿的摄食情况、性成熟程度、养殖水质情况作适当的调整，通常情况下，每次投喂量应以鱼儿5～10min内吃完为宜；定时，指每天投喂2次，分别为早8：30～9：00，下午4：30～5：00为宜；定质，指投喂的饲料要新鲜，适口，营养全面，切不可投喂腐烂变质的饲料，否则会导致鱼病；定位，指每次投入饲料的位置都选择水族箱的固定位置。

水面油膜的处理：养殖池水面上有时会浮现一层油膜或者泡沫，对锦鲤的生长不利，通常采用市售的油膜去除剂或全部换水、刷洗清除。

4. 不同季节的管理

在设计鱼池时要注重美观性，放置假山、栽培植物，同时可在放置山石时为鱼儿设计几个隐蔽所

隐蔽所

季节变换，气候条件大相径庭，特别是在北方地区，四季分明，锦鲤的饲养管理也不同。

春季：气温不稳，在大幅度降温时，鱼池上应加盖塑料膜，保证水温稳定。投喂时应动物性饲料和植物性饲料搭配投喂，不可投喂单一的且难消化的高蛋白或高脂肪的饲料。春天是细菌滋生的季节，还应注意养殖池的消毒。

夏季：气温较高，水温也较高，鱼池上应加盖遮阳网，防止水温升高；同时夏季也是水生浮游动植物大量繁殖生长的季节，最好在养殖池中安装紫外杀菌灯，保持良好的水质。

秋季：秋高气爽，这个季节是锦鲤生长的最佳季节，此时应多投喂饲料，以便锦鲤贮存体力，安全越冬。

冬季：天气寒冷，气温下降，水温也会下降，有时会接近冰点，锦鲤可以在室外安全越冬。此时锦鲤不需要投喂，最好在养殖池上面凿开一个小的"冰眼"，增加水中的溶解氧。

①小型塑胶定制鱼池

②户外砖石混凝土鱼池

③户外塑胶软底鱼池

207

第四章

锦鲤与休闲生活

　　汉代辛氏所撰《三秦记》中说："龙门山，在河东界。禹凿山断门阔一里余。黄河自中流下，两岸不通车马。每岁季春，有黄鲤鱼，自海及渚川争来赴之。一岁中，登龙门者，不过七十二。初登龙门，即有云雨随之，天火自后烧其尾，乃化为龙矣。"没有越过的鲤鱼，有些触到石壁，碰伤额头，便在额上留下一个黑斑，点额而返。所以许多黄河鲤鱼额头的部位都有一块黑斑，那是跃龙门未过的标志。

大禹雕像

锦鲤的文化

鲤跃龙门

　　相传上古时期，洪水泛滥，华夏大地上，民不聊生。当时的领导者尧召集各大部落首领推举贤人，治理洪水。鲧被众人推选出来治理洪水。鲧治水以"堵"为方针，耗时九年也没有取得多少成果。洪水泛滥得更加严重，农耕畜牧等正常的生产都无法开展。这时新的领导者舜接替了尧的地位。舜怪罪鲧治水无功，"乃殛鲧于羽山以死"，将鲧杀死在羽山（羽山在现在的山东省临沂市附近）。舜随后起用鲧的儿子禹继续治水。禹接任后，遍查全国的水情地貌，定下新的治水方针，以疏导为主，重新大举治水。传说禹三过家门而不入，儿子长到五六岁都没有见过面。他勘察测量九州的水势，疏导了九条河道，修治了九个大湖，凿通了九条山脉，终于战胜了洪水，使民众得以平土而居。禹也由此得到了民众的热爱，被尊称为大禹，接替了舜成为了领导者。这就是著名的大禹治水的故事。

大禹雕像

　　禹在开通河道时，有一座大山挡住河道，禹带领民众凿开大山，开出一里多宽的河道，远远望去仿佛大门一般。河水湍流而下。清乾隆《韩城县志》载："两岸皆断山绝壁，相对如门，惟神龙可越，故曰龙门。"因为龙门是大禹开凿的，所以又叫禹门。龙门位于晋陕大峡谷的最窄处，在今山西省河津市城西北12公里的黄河峡谷中。传说每年黄河中的鲤鱼都会逆流而上，竞相跳过龙门。汉代辛氏所

黄河

鱼化龙壶

撰《三秦记》中说："龙门山，在河东界。禹凿山断门阔一里余。黄河自中流下，两岸不通车马。每岁季春，有黄鲤鱼，自海及渚川争来赴之。一岁中，登龙门者，不过七十二。初登龙门，即有云雨随之，天火自后烧其尾，乃化为龙矣。"没有越过的鲤鱼，有些触到石壁，碰伤额头，便在额上留下一个黑斑，点额而返。所以许多黄河鲤鱼额头的部位都有一块黑斑，那是跃龙门未过的标志。鲤鱼跃龙门与古代科举入仕颇有相近之处。所以过去学子参加会试获得进士功名的，也被称作"登龙门"。落第不中者被称作点额而返。"鲤跃龙门，化身为龙"被用来形容地位的急剧提升。

211

人面鱼纹图陶碗

　　这个传说有趣的地方在于，在众多种类的鱼中，选择了鲤鱼作为传说的主角。这是为什么呢？

原 始 崇 拜

　　对鲤鱼的崇拜自上古时期就已经开始。在中国多处母系氏族社会遗址出土的陶器上，都绘有或刻有鱼纹。在陕西西安附近的半坡遗址中，曾发现许多鱼纹彩陶。这些精美的图案很可能是"图腾徽号"，也有一些则是"鱼祭"场景的描述。鲤鱼多子，繁殖力极强。原始社会时代，人口众多意味着部落的强大。

人面鱼纹图形

　　崇鲤文化起源于先民的女性生殖器崇拜。从表象来看，鱼的轮廓（或双鱼的轮廓），与女阴的轮廓相似；从内涵来说，因当时人还只知女阴的生殖功能，因此这两方面认识的结合，使生活在渔猎社会的初民将鱼作为女性生殖器官的象征。原始人类浑沌初开，人兽之间尚无严格分野，由鱼与女阴的相像的联想，引发出他们的模拟心理，渴望通过崇拜鱼的生殖能力，产生一种功能的转化效应。为此，古人遂以鱼象征女性生殖器，并且应运诞生了一种祭祀礼仪——鱼祭，用于祈求人口繁盛。女性们在举行仪式后，还要食鱼，以为吃鱼下肚，便可以获得鱼一样的旺盛的繁衍能力。半坡彩陶中著名的"人面鱼纹图形"样式为人面鱼纹口边衔鱼，便是半坡先民鱼祭时吃鱼的写照。随着社会的发展，鱼的象征意义逐渐发生了变化。从时间上纵向探索，可以理出如下脉络：在母系氏族社会的早中期，人们只以鱼象征女阴，象征女性身体的一部分。大约在母系氏族社

陶鱼

会的晚期，鱼又具有象征女性的意义。其后，鱼再进一步具有了象征男女配偶、情侣以至于爱情的意义。于是，鱼理所当然地成为中国人社会生活中的一种吉祥物（赵国华《生殖崇拜文化论》，中国社会科学出版社，1990年）。某些部落中原以为人类由鱼进化而来，或与鱼之间具有某种神秘的联系，因而十分崇敬。于是鲤逐渐融化在中华文化里流传下来。成为了我国流传最广的吉祥物之一。那它又是如何由原始崇拜逐渐被赋予众多的含义，流传至今呢？

文化演变

世界各族的传说中都有经历过大洪水的记载。上古时期，人类遭受了一次又一次的洪灾。鲤鱼作为人类经常能见到的生物，在惊涛骇浪中自由自在游弋的能力，既使人羡慕，又使人幻想，因此在古代文献中，鲤鱼被作为"鳞介之主"、"诸鱼之长"，有神变化龙、呼风唤雨的本领，多是源于洪水来临之时鲤鱼还能自由生存，不受影响。考古成果也表明，自商周起，古人就有以玉鱼随葬的风俗；战国以降，又出现了铜鱼、陶鱼、木鱼等鱼形葬物。这是基于"天河地川相连"的幻想，栖居于浮天载地水域中的鱼类，便被赋予沟通天地的神使职能：商周玉鱼蚌鱼、春秋战国铜鱼及后代的陶鱼作为殉葬品；《古服经纬》中记载"鱼跃拂池"成为丧服之制；骑鲤升天之类故事表现其"乘骑"之性质；鱼腹藏书、托鲤传书等传说中，鲤鱼又成为人际交往的信使。墓葬时鲤的出现其实是视鲤鱼为引导死者灵魂渡过冥河进入天界的乘骑。其他如献鲤祈雨、供鲤求富等，也是以这种鲤有神性的观念为依据的。

春秋时，孔子的夫人生下一个男孩，恰巧鲁国国君鲁昭公送几尾鲤鱼来，孔子"嘉以为瑞"，于是为儿子取名鲤，表字伯鱼（《太平御览》卷九三五引《风俗通》）。在当时，鲤贵为国君之礼，可见对鲤的重视程度。由此可见，以鲤为祥瑞的习俗，在春秋时便已经普及，这与《史记·周本纪》关于周朝之兴有鸟、鱼之瑞的记载是吻合的。

铜鱼葬物

213

在长期的历史发展中，中国人日益赋予鲤鱼以丰富的文化内涵。《诗经·陈风·衡门》云"岂其取妻，必齐之姜；岂其食鱼，必河之鲤"，将鲤鱼与婚姻相联系，这是因为鲤鱼繁殖力强，生长迅速，象征着家族兴旺，人丁众多。后世也以"鱼水合欢"祝福美满姻缘。汉乐府诗《饮马长城窟行》："客从远方来，遗我双鲤鱼。呼儿烹鲤鱼，中有尺素书。长跪读素书，书中竟何如？上言加餐食，下言长相忆。"古时人们多以鲤鱼形状的函套藏书信，因此不少文人也在诗文中以鲤鱼代指书信。当然诗中所言烹鱼并非真的烹煮，而是让儿子打开装有尺素的鲤鱼形的木盒。双鲤指代书信，寓意相思。古人尺素为鲤鱼形。古乐府诗："尺素如残雪，结成双鲤鱼。要知心中事，看取腹中书。"商肆店铺开张之日，特意将蓄养鲤鱼的鱼缸放在门前以求"利市"、"大吉"；《史记周本纪》上记载"周王朝有鸟、鱼有瑞"。在公元前473年，传说越国范蠡功成归隐后经商养鱼，化名陶朱公，被后世商人追为行业祖师。范蠡写的《养鱼经》中，就较为详细地介绍了池塘养殖鲤鱼的知识。其中记载中有"曰：'公任足千万家，累亿金，何术？'朱公曰：'夫治生之法有五，水畜第一'。"由此可见在范蠡的收入中养鱼占了很大的比重。这也是将鲤鱼和富有联系起来的原因之一。

在我国古代建筑物或家用图饰上，常常可见一种八宝图的图饰，其中一宝即为玉鱼（双鱼），寓意吉祥。道教建筑物上八宝中的鱼则为金鱼，表示"坚固活泼，解脱坏劫"。我国民间新婚洞房窗纸上也有双鱼戏水图等，表示夫妻和好、子孙兴旺和富贵长乐。鱼和"余"谐音，所以鱼象征着富贵、富裕。在我国广为流传的年画和吉祥图中，经常有鱼出现。

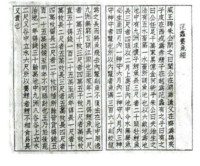

范蠡《养鱼经》

新婚洞房窗纸上常见的双鱼戏水图

鲤鱼也位列佛教八宝图案之一

年画和吉祥图中鱼大部分以鲤鱼和金鱼展现，因为"鲤"与"利"谐音，"金"则表示财富，所以它们就常和生意联系在一起，用来象征生意中获利。

至此鲤鱼与商务交往也联系了起来。因"鲤"与"利"谐音，"鱼"与"余"谐音，所以在货币文化中，鲤鱼形象也是"如鱼得水"。早在汉魏时，就有"双鱼踏鱼钱"（即人物卧鱼镂纹花钱）、"人物鱼纹镂花钱"（又称疤鱼钱）、"三鱼纹镂花钱"、"双鱼背双鱼纹钱"、"龙鱼纹镂花钱"等，西汉"五铢"钱中出现上下左右四鱼纹钱，王莽时铸的"货泉""泉"字作鱼形，都反映了鲤鱼在人们心目中的美好形象。

汉魏双人踏鱼钱

疱鱼钱

鲤鱼被视为"九五之尊"，始盛于唐代。由于巧合"鲤"与"李"谐音，鱼姓了唐朝皇家之姓，鲤鱼由众鳞之长跃居为鱼类中的"九五之尊"。因此鲤鱼身价百倍，尊"鲤"之风盛行。皇帝和达官显贵，身上都佩有鲤形饰物，朝廷发布命令或调动军队，皆用鲤鱼形状的兵符（即鲤符，雕木或铸铜为鲤鱼形，刻字其上，剖而分执之，以为凭信）。为了避讳，唐朝法律规定：得鲤鱼不论大小，只准放生，不得杀食，敢卖鲤鱼的人要遭六十杖责。民间也不得不以鲤为讳，改称鲤鱼为"我鲜公"。到此时鲤在中国文化中的地位已经提升到极高的程度，而后的演变发展都是基于这些因素及其延伸。

流传发展

鲁昭公赠鲤与孔子之事后来形成习俗，有人生子，亲朋好友往往执鲤前去祝贺，或馈赠以鲤形的礼物，寄意新生儿健壮如鲤，不怕艰险，搏浪成长，而且鲤鱼跃龙门的美好传说还使人们在鲤鱼身上寄托望子成龙的期盼，这种观念甚至远传东邻。在日本，每逢男孩节这天，有儿子的人家须悬挂漂亮的鲤鱼旗。

鲤鱼旗

在江户时代，中国"鲤鱼跳龙门"的传说传入日本。为了祈祷上天照看好自己的孩子，家家户户在院子里高悬"鲤帜"，夜晚点上鲤形灯来表示庆贺。日本以阳历五月五日作为端午节。端午节与男孩节同日，所以这天家家户户门上还摆菖蒲叶，屋内挂钟馗驱鬼图，吃去邪的糕团（称"柏饼"）或粽子。"菖蒲"和"尚武"谐音。鲤鱼旗是用布或绸做成的空心鲤鱼，象征着鲤鱼跳龙门。清风吹来，旗子迎风飞舞，仿佛一条条鲤鱼游弋水间，跳跃翻滚。鲤鱼旗分为黑、红和青蓝三种颜色，黑代表父亲、红代表母亲、青蓝代表男孩，青蓝旗的个数代表男孩人数，家中有多少男孩就要挂多少青蓝旗。

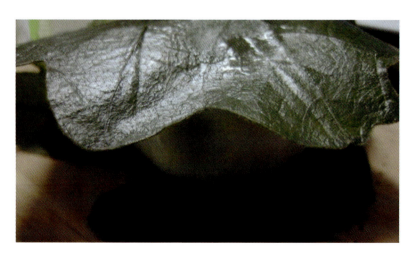

柏饼

日本的锦鲤文身图案

日本人认为鲤鱼是力量和勇气的象征，悬挂鲤鱼旗表达了父母企盼孩子健康成长，或为勇敢坚强的人的愿望。因为其勇猛的象征意义，人们认为文身的形象能带给主人其想象的精神力量，所以日本的文身图案许多都以锦鲤为内容。

时至今日

　　鲤文化发展到今天已经融入了中华文化之中。鲤鱼的形象在年画中就经常出现，每到春节，中国老百姓喜爱在居家中贴上各式各样的年画和吉祥图，以求来年的日子红红火火、富裕兴旺。在年画和吉祥图中，有不少是以鲤鱼为题材的。中国传统年画中常有一个穿红兜肚的男孩，身骑一只活蹦乱跳的大鲤鱼的形象，寓意着"年年有鱼（余）"这一祈望子孙绵延和丰收的主题。人们也总爱买童子怀抱鲤鱼的年画，把那童子和鲤鱼看作是美好的象征。旧历新年迎财神时，一对"元宝鱼"是不可或缺之物。鲤鱼在人们心目中还有财神爷的意义，在我国北方地区，许多地区还流传着将鲤鱼留在

年画中的童子抱鲤鱼

217

中国鲤鱼瓶

自家锅中度过跨年的一晚，预示着家中有余，盼望新的一年也衣食钱财富足的吉祥含义。民间吉祥纹图中的鲤鱼也是无所不在，窗花剪纸、建筑雕塑、织品花绣和器皿描绘，到处可见鲤鱼的形象："连年有余"、"吉庆有余"、"富贵有余"都表达了人们对美好生活的向往。以鲤鱼为题材的艺术创作多见于许多民间艺术创作之中。如正月初四祭神时的鲤鱼舞，在民间流传颇广，传统戏《荔镜记》和现代戏《七日红》等均有舞鲤鱼的精彩场面。鲤鱼形象在钱币中也有出现，中国人民银行1997年发行的贵金属纪念币中，其中一盎司银币一枚、二盎司银币一枚，一盎司彩色银币一枚，其图案就是娃娃抱鲤鱼的我国传统吉庆有余的图案。因为"锦鲤"有"进利"之意，所以许多小康之家的庭院之中也都布置了锦鲤池，调节湿度，美化环境。鲤鱼的吉祥含义已经深深地融入了我们的文化与生活之中。

鲤鱼舞

鲤鱼装饰的盘子

中国人民银行1997年
发行的贵金属纪念币

锦鲤与风水

　　风水之说，自古有之。古人认为一命二运三风水，四积阴德五读书，风水仅在命与运之后，可见古人对于风水的重视程度。风水，古称堪舆术，是相地之术，是研究环境与人和谐的方法。古人认为：好的风水是藏风蓄气得水，以得水为上。气总处于流通之中，很容易被风吹散而打破循环平衡，但遇到水便会积蓄起来，因此水可以起到使气运流通平稳、循环往复的功效，也就是可以留住气运，而水中有吉物，更可以调整气运流通的缓急，改善气运的属性，保得风水之地灵气不散。而且，太极的阴阳图形也来自于鱼形。下面我们从风水上来讲述一下锦鲤池的排布与池中锦鲤品种的选择。

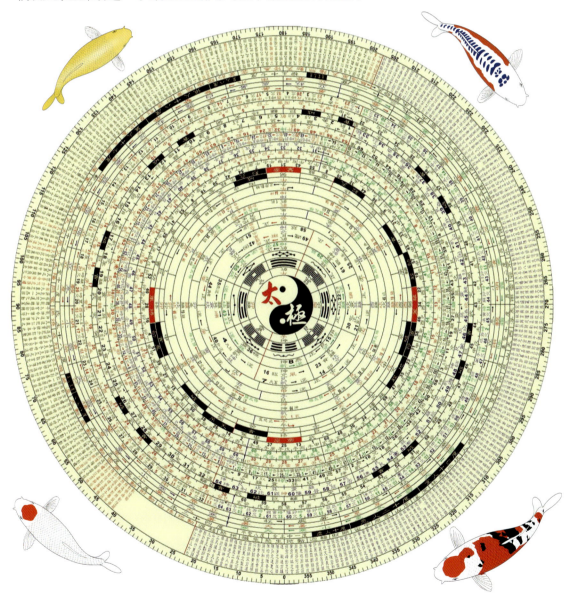

肾形的池塘属于
上佳的形态

锦鲤池的形状

风水之中有"直生煞，曲生情"之说，过于单调的直线为古人不喜，曲折柔和的线条才是吉祥和顺的象征。首先，锦鲤池的形状设计要尽量采用圆润柔和的线条，如果实在是喜欢直线的池塘边缘或者条件限制只能使用直线类型的边，那么就要尽量避免出现锐角和直角，也要避免边缘的直线正对着门窗道路。线条柔和的池边在欣赏时容易产生层次感，不会有生硬的感觉。池塘的直边边缘也最好种植一些植物，遮蔽阻断掉明显的线条，这无论在风水还是审美上都是应该做的。风水最佳的池塘形状应当属于肾形或者阿拉伯数字的8形。肾形的池塘需要内弯朝向住宅方向，如适当与院内修建的路桥结合，可以组合出尚佳的风水格局"玉带围腰"；而8字形的池塘修筑时，也要注意池塘中间紧缩的部分不要过窄，过窄则流通不畅。

锦鲤池如果修建在住宅附近，面积不宜过大，不要超过住宅面积的三分之二。过大的池塘如果没有相应的"山形"相对，反而不算吉相。锦鲤池一旦修建完毕就要注水，不要让池塘长期干涸，让本来是佳的风水反变成煞形了。有些人修建了锦鲤池后，疏于打理，经常让池子水位半低或者浑浊不堪，这在风水上都是大忌。活水变成死水，就失去其原本的意义，而且居住在这种蚊虫滋生、腐水腥臭的池塘附近，对人无论是健康还是心情都没有好处。所以如果是

过多的直线边在风水上颇
为不利，也并不美观

庭院式的锦鲤池，主人在修建之前一定要想好自己是否有能力维护好这个池塘，如果只是一时性起，是万万不可取的。

锦鲤池的位置

　　许多人在修建锦鲤池时并没有过多注意方位的选择，或者由于施工面积、施工条件、供水排水等客观情况的限制，无法选择所建池塘的位置。建成之后才发现种种不便。锦鲤池不同于鱼缸，鱼缸如果风水摆放上不合适，可以随时挪动，实在找不到合适的方位可以撤掉，而锦鲤池一旦建成，后期再改动可就是费工费时劳民伤财了。所以在修建锦鲤池之前一定要规划清楚。在园林中修建锦鲤池时要考虑诸多因素，如进水、排水、过滤、养护等因素，同时风水位置需要考虑的因素也较为复杂。

　　在介绍锦鲤池方位的选择之前，我们先介绍一下基本的风水知识（在本书中我们只介绍阳宅风水，文中所提到的所有风水都是指阳宅的风水）。风水最重要的原则就是和谐。如果在使用和观感上感觉不适，那无论如何都算不得是好风水。所有"风水宝地"都是和谐且适合人类生存繁衍的。由于中国处于北半球的关系，古时的中原地带所处的位置在北回归线以北，没有阳光的垂直照射，所以强烈的阳光照射都是来自于南方，山高于平面，水低于平面，阳光主要照射到山之南，水之北，因此这部分区域称之为阳，反之，阳光不能照射或者较少照射到的位置称之为阴，对应的位置就是山之北，水之南。我国许多地名的命名都是根据这个原则，如洛阳、沈阳、

地理阴阳说明图

山南水北为阳

山北为阴

水南为阴

贵阳、江阴、淮阴等。又由于我国地处欧亚大陆的东部，四季温湿冷暖受季风影响较多，北风带来的是寒冷干燥的空气，南风带来温暖湿润的空气。春夏时节南风带来的湿润空气受到山川的阻碍，形成较多降雨，加之阳光充足，这种地形的地区多水草丰美，物种繁多，秋冬季节北风的干冷空气被山川阻隔，所以这种区域非常适合人类定居繁衍。相对于山，古人更加注重水的作用。明代徐善继徐善述《地理人子须知·水法卷》中说：水深处民多富，水浅处民多贫，水聚处民多稠，水散处民多离。历来大城的兴建都必须选择水资源丰足的地区。这就是为何风水中认为坐北朝南、背山面水的地势是较好格局的原因，所以古时建城也多是依山逐水。有人说好风水必须"前有水后有靠"，也是这个道理。锦鲤池的位置选择也需要遵循这些基本的风水要点。

下面我们再来了解一下风水中很重要的一个概念——明堂。风水勘测有"上山看水口，入穴看明堂"之说。晋代的风水大家郭璞认为：风水之法，得水为上，藏风次之。气成风则散，界水则止，古人聚使不散，行之使有止。故谓之风水。界水之地，就是明堂了。风水中的明堂有内外之分，宅前平坦的空旷地带叫外明堂，它集缓冲与汇聚功能于一身，主要的作用是汇集生气活流以及形成一种人流或气流聚散的缓冲地带，使住宅内外的衔接更加流畅，达到保护住宅风水的稳定和藏风聚气的效果。位于住宅内部入口处的空地为内明堂。现代住宅楼房居多，具备外明堂的住宅已很罕有，只能将楼宇门前的部分算做共用的外明堂。如果能在住宅内的入口处开辟一个内明堂，也能起到同样的作用。内明堂的位置可因地制宜设置玄关、灯饰装潢、栽种植物或养鱼，以培养引导健康生气，但明堂位置忌讳铺满碎石、筑起石级、塞满杂物、环境昏暗等。明堂的属性要求平坦、宽阔和明亮，这样的明堂才会给我们带来健康舒适的风水环境。明堂不宜过窄或没有。明堂象征着发展潜力和未来，因此如果所居住的房屋或楼宇前面对着一个很好很开阔的明堂的话，则象征着个人的事业财运发展潜力巨大，并且还有聚集财运和事业

故宫前的明堂就是天安门广场

222

四灵是镇守四方的灵兽

运的功效。现在城市里人们多居住在楼宇中，许多住宅楼和办公楼的建设忽视了明堂的设置，出门看到经常是逼仄的另外一座高楼或者在很近的距离设置一堵实墙，这都破坏了明堂的风水。

如何算是好的明堂呢？首先明堂最好有水，如果从房屋前望去都是水，如海边或江边的别墅，容易让人产生要退休的感觉，失去了干劲与事业心。如果从屋前望去全是建筑的话，如那种绿化不好的小区，就容易让人感觉疲劳，无谓地繁忙起来。其次，明堂前端一定要有关拦，风水讲究缠护关拦，如果缺少缠护关拦，征应不吉，气场需要在明堂内聚集流转才算藏风聚气，所以明堂也一定要有遮挡。

了解了这些，我们就可以大概规划出庭院中锦鲤池的位置了。第一，池塘不要距离屋子太近，也不要正对大门。古人认为门前新开塘主绝子，谓之血盆照镜。这主要是因为古人认为池塘没有遮拦，而且新开塘后，小孩子好奇会经常去池边玩耍，怕小孩子不小心滑落池塘。虽然现在我们都会做一些防护措施，但是也最好注意，不要在距离宅子很近的地方建池塘，而且池塘要避开宅子的中轴线。第二，在建设之前要先观察，在上午9点到下午3点之后，从住宅的所有窗口和门口观察预计建设池塘的位置，不要有强烈的反光进入屋子中，如果有反光的话，就是风水中的光煞，让人心神不宁，无心做事。第三，尽量不要将池塘设置在宅子的正西边，西方白虎位，白虎开口，主伤人。但是，西边不能建池塘也不能一概而论，这与主人的生辰及宅子附近的环境也有关系，属于特殊情况。第四，上文也已说过，明堂作为居住者进出的必经之环境，气场环境不要受到污染，宅前有水的话，一定要是饱含生气的活水。所以要保证锦鲤池过滤循环不间断。第五，注意关拦，有条件的可以在池塘的外围，就是远离宅子的一边，种植些树木或者灌木，可能的话在池塘边缘种植一些挺水植物。实在没有种植条件，可以修建篱笆或围栏，这样在风水上起到藏风纳气的作用，而且也可保护池塘，防止杂物落入池塘内，同时在池塘中建立了有暗影的区域，方便锦鲤的躲避。

223

园林庭院中的锦鲤池

锦鲤在现代园林的水景中也起到很重要的作用。现在不仅仅是大型的园林，许多私人的庭院中也喜爱布置一方锦鲤池。下面我们来介绍如何选择锦鲤池的风格，以及如何搭配池子周边的环境元素。

园林的概念

我们先来了解一下园林的概念。园林是在一定的地域运用工程技术和艺术手段，通过改造地形（或进一步筑山、叠石、理水）、种植树木花草、营造建筑和布置园路等途径创作而成的美的自然环境和游憩境域。在现在寸土寸金的现实状况下，更多的园林是由政府或者组织来修建，个人修建的景观大部分只能称之为庭院。园林与庭院的区别不过是范围的大小与私密程度的分别，而在风格与建设上并没有本质的区别。

传统的风景园林设计开始于基本调查，即了解业主的目的、了解场地的尺寸以及使用者的需要，然后通过设计达到初始的需要。园林的设计经常会受到种种限制，如业主或开发商的资金限制，场地的地域性，当地的土质气候等因素。所以设计园林要充分了解环境条件之后再开展工作。

太湖石峰在江南园林中
时常用到

苏州园林

我们将园林按照不同的风格大体分为两大类，东方类和西方类。而在意境上适合修建锦鲤池，并在园林中欣赏锦鲤的园林自然当属东方类园林。东方类的园林分为中式风格、南洋式风格和日式风格。

中式风格

园林修建的风格多按照地域来区分为北方园林、江南园林、岭南园林。形成这种格局是因为晚清以后，北方的政客官僚、江南的文人骚客、岭南的商家富豪成为三大地域园林的创作主体，由于地域文化和欣赏人群的不同逐渐形成了这三种风格。因北方冬季水体结冰易冻裂锦鲤池，所以三种风格中适合修建锦鲤池的还是江南园林和岭南园林。

江南园林

苏州园林是江南园林风格的代表，其特点有三。其一，多用水石。江南水乡，以水景擅长，水石相映，构成园林主景。太湖产奇石，

225

粤晖园是岭南园林的代表

玲珑多姿，植立庭中，可供赏玩。宋徽宗时曾专设花石纲搬运太湖石峰；其二，花木众多，布局有法。江南的气候土壤适合花木生长，江南园林堪称集植物之大成，多植奇花珍木；其三，建筑风格淡雅朴素。江南园林多由文人墨客主导，以淡雅相尚。布局自由，建筑朴素，厅堂随宜安排，结构不拘定式，亭榭廊槛，宛转其间，一反宫殿、庙堂、住宅之拘泥对称，而以清新洒脱见称。

岭南园林

更多自由与随意的岭南园林

　　岭南园林由于当地气候的原因，植物繁茂，一年四季郁郁葱葱，属于典型的亚热带和热带自然景观。由自然景观所形成的自然园林和适合于岭南人生活习惯的私家园林，虽不比北方园林的壮丽，江南园林的纤秀，却具有轻盈、自在与敞开的岭南特色，其风格更多地融入了地方民间色彩。如果说江南园林和北方园林的儒意较浓的话，岭南园林的儒家意味则很淡。岭南人远离政治中心的忤逆和反叛，表现于古典园林建筑梁架的不规范和对现代园林文联匾对的不重视。岭南园林更多地吸收了民间文化，其最大的特点就是实用性及园宅一体的设计，居住与宅院二合为一的自然感。

南洋式风格

　　南洋式风格的园林与庭院,泛指东南亚一带的泰国、印度尼西亚、马来西亚等国的景观。这个区域的国家,位于热带地区,气候炎热,人们的日常生活较为轻松。园林与庭院的设计也就表现出一种热情、自然、轻松的感觉。南洋风格是最融入大自然的感觉,多使用当地的植物与石材。在池塘的修建上要注意融合感,不要刻意地划分出区域感的水池,要与周围的环境连成一片,植物上要多使用阔叶型热带植物。

日式风格

　　日式风格的庭院中,禅的意境表现极为重要,在庭院的打造上不但要有精致的设计,而且要注重心境的传达。日式庭院要传达的感觉是宁静。日本人期待在庭院一角通过花木草丛与造景给人以沉思的力量,如在日式庭院中经常布置水钵或流水的竹筒,在水滴落入池中的固定频率的声响或者竹筒敲打石材的固定频率的声音中,人们可以放松思绪,静心思考。

日式庭院

　　日本人的住宅空间较小,庭院的面积不大,光照也有限,无法像英式庭院那样种植大面积的草皮植物,所以日式的风格非常重视窗景的表现,让人坐在室内的一角也可以欣赏到庭院景致,每一角都细致用心,禅味十足。日本的建筑材料普遍以木为主,庭院里也大量的运用木材、竹子等。日本的环境较为湿冷,碎石子的使用,可让空间保持干燥与洁净。在植物的运用上也多采用针叶植物和细小叶子的植物。

日式园林景观

香蒲

植物的使用

　　介绍了几种适用于修建锦鲤池的园林风格，我们再来了解一下适用于布置在池边的各种植物。要想让锦鲤池整体感觉美丽，离不开植物的搭配。水生植物的正确应用是营建一个生态平衡、视觉优美的水景的重点，所以植物的搭配在锦鲤池的设计建设上也颇为重要。

　　中国园林中，水景常构成一种独特意境。明代文震亨在其撰写的《长物志》中指出："石令人古，水令人远，园林水石，最不可无。"古人很重理水，凿池迎水，将河渠的水引进自家的宅园，构成池、潭、沼、瀑、滩等不同的水景。

　　在景观设计中，水生植物会使水体的边缘显得柔和动人，弱化水体与周围环境原本生硬的分界线，使水体自然地融入整体环境之中。现今很多新的植物种类及其栽培品种被广泛地应用于水景中，例如睡莲的培育，已经有很多的新品种正在代替传统的老品种。

一、水景植物的种类

　　水景植物种类繁多，也是园林观赏植物的重要组成部分。在水生生物的进化过程中，它们遵循由沉水植物→浮水植物→挺水植物→湿生植物→陆生植物的进化方向，而其演变过程和湖泊水体的沼

睡莲

泽化进程相吻合。这些水景植物在生态环境中相互竞争、相互依存，构成了多姿多彩的水景植物王国。

水生观赏植物按照生活方式与形态特征分为六大类：

1. 挺水型水景植物

挺水型水生花卉植株高大，花色艳丽，绝大多数有茎叶之分；直立挺拔，下部或基部沉于水中，根或地茎扎入泥土中生长发育，上部植株挺出水面。挺水型植物种类繁多，常见的有荷花、黄花鸢尾、千屈菜、菖蒲、香蒲、慈姑等。

2. 浮叶型水景植物

浮叶型水生花卉的根状茎发达，花大色艳，无明显的地上茎或茎细弱不能直立，而它们的体内通常贮藏大量的气体，使叶片或植株能平衡地漂浮于水面上。常见种类有王莲、睡莲、萍蓬草、芡实、荇菜等。

3. 漂浮型水景植物

漂浮型水生花卉种类较少。这类植物的根不在泥中，株体漂浮于水面之上，随水流风浪四处漂泊，多数以观叶为主，为池水提供装饰和绿荫。又因为它们既能吸收水中的矿物质，同时又能遮蔽射

大型池塘中，如果不加以控制，水葫芦很快会泛滥成灾

229

植物在园林中的使用

入水中的阳光，所以也能够抑制水藻的生长。漂浮植物的生长速度很快，可以很快在水池内安家落户，并且能够比睡莲更快地提供水面的遮盖装饰。但是有些品种生长、繁衍过快，如果不加以控制可能会成为祸害，如水葫芦等，所以需要定期用网捞出一些，否则它们就会覆盖整个水面。另外，也不要将这类植物引入非常大的池塘，否则要想将这类植物从大池塘中除去将会非常困难。

4. 沉水型水景植物

沉水型水生植物根茎生于泥中，整个植株沉于水中，通气组织特别发达，利于在水中空气极度缺乏的环境中进行气体交换。叶多为狭长或丝状，植株的各部分均能吸收水中的养分，而在水下弱光的条件下也能正常生长发育。这类植物对水质有一定的要求，水质会影响其对弱光的利用。花小，花期短，以观叶为主。它们能够在白天制造氧气，有利于平衡水中的化学成分和促进鱼类的生长。

5. 水缘植物

这类植物生长在水池边，从水深 2 ~ 3cm 处到水池边的泥里，都可以生长。水缘植物的品种非常多，主要起观赏作用。这类植物也可以种植在平底的培植盆里，直接放在浅水区。

6. 喜湿性植物

这类植物生长在水池或小溪边沿湿润的土壤里，但是根部不能浸没在水中。喜湿性植物不是真正的水生植物，只是喜欢生长在有

绿水

水的地方，根部只有在长期保持湿润的情况下，它们才能旺盛生长。

许多私人的小型锦鲤池在修建的时候并不使用底泥，这些锦鲤池所能用到的仅是挺水型、浮叶型和水缘型植物，在这里植物的使用主要是为了吸收水中的营养盐。

二、水景植物的配置原理

1. 建立水景环境的生态平衡

如果想营建一个较理想的生态水景，关键在于营建出正确的生态平衡系统。这样不仅能保证水质的清洁，而且会使水域的生物和谐共生。营建正确生态平衡的关键在于初始阶段各元素之间就能有一种比较和谐的比例。当然对于如何建立这种关系并没有一个固定的规律，世上也不会存在两个完全一样的池塘。因为水景中的水质条件、化学成分以及营养水平都不同，所以水体的植物景观也是多种多样的。

沉水植物在营建平衡中起着决定性的作用，因为它们可以增加水中的营养成分，在白天为鱼类和其他水生生命合成必需的氧气。它们自身又是食物资源，是水生动物的栖息地，在很多情况下又是鱼苗的庇护所。沉水植物在池塘平衡系统中的价值是无法估计的。

水中的单细胞藻类会使池水呈现出绿色，这种"绿水"现象常可以通过控制光线来进行消除。这类藻类喜欢较强的光线，因此可以通过制造阴影来控制它的生长。但是在池边过多地种植乔木或灌

水薄荷

木又会影响睡莲类的生长。所以最佳的办法是在水体表面形成阴影，例如利用浮叶植物或挺水植物的叶片就可以达到这种目的。但是切不可遮盖全部的池塘，因为这会影响沉水植物的生长。

对于池塘中的平衡来说，鱼类也是一个重要的因素，它们可以控制害虫的滋生，消灭蚊类的幼虫以及啃吃水生植物叶片的石蚕类幼虫。另外，一些有用的小动物还包括喜食纤维藻类的蜗牛，而纤维藻类很难用其他办法控制。

2. 平衡原则

当在水体中进行植物种植时，事先需对整体的安排深思熟虑，并根据情况进行调整。一般的经验是：计算池塘的表面积，包括池塘边缘。每平方米可以种植 5 ~ 10 丛水下植物，这些植物种植在一串容器中要比散植于池底更有利。

在种植浮叶植物如睡莲之前，也要进行类似的数量计算，但水面的叶片所占面积一般不能超过 1/3，以便水下植物能进行良好的光合作用。另外，如果要考虑鱼类的生长、游嬉及摄食，那么非种植区的面积应达到每平方米有 $45cm^2$ 的空间。

当大体的生态平衡的模式定下来后，可以在一定范围内对植物配置的细节和植物种类进行选择与调整，这其中浮叶植物、沉水植物的种植数量是有一定限制的，但岸边的植物种植可以有较大的自由度。像石质水槽或小水池中，种植一棵沉水植物就足够了。对于大一些的水池，种植的数量可以根据水面面积做出大概的估算，最好多选择几种沉水植物，混种在一起，不要只种植单一的品种。

3. 注重边缘植物配置

水体周围也是非常重要的场所，如何处理将会影响到池塘的观赏质量及庭院的整体效果。在一个非常规则的水池中，可在周边通过 3 ~ 4 个较好的容器进行限制性栽植，如鸢尾、灯芯草等，位置的安排要精心设计。这样的种植方法可以保证有足够的水面来产生倒影，增添景观的层次感与情趣。而不规则的水池一般有着泥沼式的边缘，可以混植植物，形成一定群植景观，但要有疏有密，保证人们在某些区域可以直接到达水面。尽量不要把植物直接种在土壤或边缘地带，选用盆栽方式更为有利，因为有些种类的植物会无限制地繁衍，需要花费巨大的精力去进行维护，才能达到景观的设计效果。

三、水景植物配置的设计内容

1. 水景植物的配置方式

根据水景的具体位置和应用形式，水景植物的配置一般也可分为自然式配置和规则式配置两大类。

（1）自然式配置

自然式水景植物的配置多与自然式水景搭配，体现着一种自然、

随意的情趣，这种方式没有线、形、组织构图上的严格要求，旨在模拟自然、再现自然的一种风韵。在植物的选择上有很大的自由度，尤其在私人庭院中，更是体现业主个性化的一个有效途径。

自然式水景植物的配置，没有固定的规律可以遵循，但并不能说它是一项简单的工作。在某种程度上，自然式水景植物的配置要比规则式更有难度，这是因为自然式水景更注重植物与环境整体的展示效果，所以设计者不仅要掌握植物材料的生长特点，而且在主题的烘托、环境色彩的搭配、植物质感的对比、景观空间层次构成上的把握都要有较高的水准，才能营建出一个成功的水景植物景观。

（2）规则式配置

规则式的配置一般用于规则式水池中，植物的主要群落在水面上有规则地平衡及构图感。进行植物配置要用线形或几何形式的种植形式来与水池的形状搭配。虽然很少有植物在外形或生活习性上达到很规则的要求，但通过仔细的挑选、组合、修建控制后，则可以达到想要的效果。

当规则式水池与地面是在同一平面时，水景的层次与结构也是相当重要的。要想在一个水池中营建立面与焦点的景观，可以从不同的挺水型植物中选择，如普通芦苇。另外，质感粗糙的植物也可以形成焦点或者作为形成层次感的主要种类。在规则式配置中，有

家庭锦鲤池塘

时需要顺序种植，应尽量选择生长期、生长要求一致的植物种类，将它们种植在统一规格的容器中。

2. 水景植物的色彩主题

水景可以通过植物某种特定的色彩或色彩组合形成一定的表现主题和旋律感，也可以用来表达出或热烈、或宁静、或开朗、或内敛的情绪。

一般情况下，在水体中进行色彩组合时，水景植物种类宜少，但搭配方案可以有多种变化。例如，在一个简单的正方形或长方形水池中，在每一个边角布置植物，可以选择有着直立型叶簇的绿叶植物，如金棒花，与有着卵圆形或铲形叶片、粉白色圆锥花序的水生车前草协调起来，就会产生一种很好的装饰效果。如果水面较开阔，可选择白色的睡莲，也可以适当地加入一些欧菱，但这种漂浮植物会移动，进而破坏整体的对称性。如果认为粉色与白色的主题还缺少吸引力，可以考虑用黄色与白色的配置。如在盆中栽植开花早、花色鲜黄的长柱驴蹄草和低矮的、夏季开花的芜菁类植物，或者也可以用种植篮的锦花沟酸浆代替。在中心区域可以选用亮黄色或者雪白美丽的睡莲品种。

植物的配置还要考虑周围建筑物的色彩与风格，应相互衬托，而不能产生一种过于杂乱的视觉效果和色彩搭配。

3. 水景植物的香味设计

在进行水景植物的配置时，要将植物的香味作为计划的一部分，尤其当池塘在一个相对封闭的空间里（如庭院）。在不太流动和温暖的空气中，漂浮着的花香与汩汩的水声增加了无穷的情趣，香味品种的睡莲，如"红仙女"（Rose Arey）等，应该单独种植，使它们浓郁的香气能被尽情地享受。二穗水蕹也应该如此对待，它那独特的香草气味最适宜单独欣赏。

对于抬高式水池来说，更适合种植香味植物，因为植物显得更易接近。要避免将不同香味的植物种植得过于靠近，否则它们各自的香味被邻近的植物所破坏，应该将它们分开种植。除了花香植物以外，还可选择叶片芳香的植物，如水薄荷、甜味菖蒲等等，这些植物的叶片在温暖的天气里触摸时可以发出非常芳香的气味。

四、水景植物的选择原则

水景植物的种类极其繁多，但无论私人庭院还是公共空间中的水景，选择植物也应遵循一定的美学、生态学及经济学原则。

1. 选择易于管理的植物品种

水景植物是否适合于某个特定的水体，不仅仅在于它是否好养、成活率是否高，更在于它对于后期的管理要求的高低，以及是否符合设计意图。

水景中植物的管理难易程度，主要与所选的植物种类有关，选择不会蔓生或不会自动播种的植物品种，会使水景池的养护力度大大降低。最易于管理的植物种类是那些能维持一定生长秩序和状态的植物，像沼泽金盏草、垂尾苔草和很多适度生长的鸢尾类。

还要依据水体所在的环境特点，选择适宜的品种。如在通风地带，要仔细地衡量植物的抗强风能力，避免种植一些容易倒伏的植物品种。低矮而又粗壮的植物抗风能力强，但在某些情况下，会使整个水池在立面的景观效果上不太符合美学上的要求。

2. 选择不同开花季节的植物

很多水景植物都是开花植物，给水景带来不同的色彩景观。在选择植物时，应考虑到色彩在时间上的延续性和变化性，可以通过选择在不同季节开花的植物搭配来维持水景在色彩上的动人效果。例如，早春时，水池里金盏草属的植物最先开花，最常见的是长柱驴蹄草及其变种；随后湿地中的樱草类植物就会绽放出亮丽的各色花朵。在它们之后，浅水中鸢尾类植物开始绽放。随后，睡莲会成为水体中的焦点，并能维持到夏季末。秋天时分，芦苇及灯芯草类开出灰褐色的花冠，这期间荸荠、梭鱼草和花蔺类植物会给景观增添别样的亮色，一些秋季叶色变化的观叶植物最终将水景带入深秋。在冬季，水景虽是一片死寂的景象，但一些植物残留的干花，如水

各色家庭锦鲤池

园林锦鲤池

车前等仍然会产生一点情趣。这些干花会非常吸引人，尤其在下雪后更富有情趣。

植物配置。一般来说，水面的植物配置有以下几个要点：

（1）不要将池面种满，60%～70%的水面浮满叶子或花就足够了。如荷花睡莲类，种植面积应在1/3～1/2之间。

（2）直立的品种如香蒲、灯芯草、菖蒲、芦苇之类，丛生而挺拔，又都喜欢浅水，其屏障作用充当背景较为理想，但遮挡视线会很严重，宜安排在池角。大池可以成片种植，任其蔓延，小池只能点缀角隅。

（3）伸出水面、枝叶不高，又有美丽花果的植物是池中的宝贵材料，如荷花、热带睡莲、燕子花、黄菖蒲、金棒、凤眼莲、花蔺之类。池中的色彩要靠它们点缀，可根据花期的先后进行规划，达到此起彼落的效果，而且要注意立面的层次感。

（4）水中观赏植物的种植，一般提倡"以少胜多"，如同国画中的留白一样，要留出较多的水面，这种"少"的含义，有种类与数量两方面的因素。如果种类多而数量少，很容易显得杂乱无章；如果种类不多，应有一定数量，物以类聚，成一小片才能有影响力；如果种类既少数量又少，则孤芳自赏，单调乏味，也不适宜。

容器水景植物搭配。利用容器来进行植物栽植或鱼类养殖已经有很长历史了，甚至现在也无法说清谁是容器水景的先驱者，但利用各类容器进行植物栽植或鱼类养殖在很久以前就获得了园艺师的共识。容器中的植物不一定要单独种植，也可以混植或不同种类的群植，以形成引人注目的效果。有些亚热带植物，如各种热带睡莲，种植于容器中往往要比种植于池塘中生长得更好。将种有植物的容器放置在锦鲤池边或者半埋在池边，能起到很好的装点作用。

　　无论是私家小庭院，还是大型园林池塘，水生植物是建立和谐优美水景的关键因素，不但带来视觉享受，更能平衡自然生态。水生植物应用得当是宝，应用不当是害。我们要本着先生态后景观的原则，在生态健康和谐的基础上，因地制宜地创造出源于自然又高于自然的设计作品。

　　我们了解了以上这些，就可以根据我们喜好的风格来装饰搭配锦鲤池了。一定要注意的是池中种植的基本格调要先根据四周景物及池中设计的装饰构筑物决定下来，并与使用目的相结合。先确定风格是野趣、淡雅、朴素，还是华丽、喧闹、多彩，然后再选择植物种类，这样才能达到理想的效果。设计者要注意风格与植被的搭配，庭院小池可以完全按主人的意愿设计，公用的大园大池就要考虑全园统一，而不是孤立地去解决一池一塘的问题。

北京市观赏鱼创新团队组织的"进城入园"活动

锦鲤游入城市生活

花家山下流花港，花著鱼身鱼喂花。
最是春光萃西子，底须秋水悟南华！

这是清朝乾隆皇帝赞美杭州西湖"花港观鱼"秀美景色的动人诗句。如今，在城市生活中我们常常将观赏鱼与池塘景观融为一体来展现静与动的和谐之美，特别是一些公园的水榭池塘中，总会点缀着一群群赏心悦目的鱼儿，它们不仅为景点增添了一抹亮色和无限的活力，同时也给人们的休闲生活增添了许多乐趣。这些鱼儿之中最为常见的当属锦鲤了。锦鲤作为广泛应用于公众景点的观赏鱼品种，具有体型硕大、颜色鲜艳、容易存活等优点，是一个易于亲近、雅俗共赏的优良品种。

北京市观赏鱼创新团队自成立之初就一直致力于推广观赏鱼文化，提高城市休闲生活质量，曾多次在北京各区县组织锦鲤"进城入园"活动。协助公园建立观赏鱼休闲文化景区，美化生态环境，为广大市民提供了新型的休闲娱乐场所；在社区构建锦鲤微缩景观，普及锦鲤鉴赏知识，提高群众的欣赏水平；举办观赏鱼游入校园主题科普活动，让学生切身体验锦鲤的神奇与奥妙，从而进一步提高他们的环保意识；组织锦鲤游进医院活动，不仅美化医院环境，还对改善病人心情、减轻心理压力起到积极的促进作用。这些活动为古老的北京城带来了新的活力，同时也极大地丰富了市民的业余生活。

各项活动的成功开展为百姓搭建起一个深入了解并亲密接触锦鲤的平台，在普及观赏鱼知识、提高群众文化素养的同时，真正做到了让锦鲤"游入"百姓的日常生活，同时也为北京建设世界城市和宜居城市做出了应有的贡献。

① 观赏鱼进社区
② 观赏鱼进公园
③ 观赏鱼进学校
④ 观赏鱼进寺院

锦鲤比赛和评审标准

中国锦鲤大赛

第一届中国锦鲤大赛由中国水产学会观赏鱼研究会与广东省水族协会共同主办，于2001年3月17日在清新温矿泉旅游度假区举行。

第二届中国锦鲤大赛由中国水产学会观赏鱼研究会主办，于2002年3月22日至24日在清新温矿泉旅游度假区举行。

第三届中国锦鲤大赛由中国水产学会观赏鱼分会主办，于2003年12月26日至28日在广东佛山市顺德陈村花卉世界举行，约1500多尾锦鲤参赛。

第四届中国锦鲤大赛由广东水产观赏鱼分会、顺德农业局、广东水族协会、广东省锦鲤同业会联合主办，于2004年12月24日至26日在广东佛山市顺德陈村花卉世界举行。

第五届中国锦鲤大赛暨2005神阳杯观赏鱼大赛由中国水产学会观赏鱼分会、顺德区农业局、广东省水族协会、广东省锦鲤同业会主办，顺德海皇锦鲤养殖有限公司承办。于2005年12月16日至18日在顺德市陈村花卉世界举行。

第六届中国锦鲤大赛由中国水产学会观赏鱼分会、顺德区农业

局、广东省水族协会、广东省锦鲤协会及陈村花卉世界有限公司联合主办，于2006年12月23日至25日在顺德陈村花卉世界举行。由顺德海皇锦鲤养殖有限公司承办，并由太阳集团（中国）有限公司协办。

第七届中国锦鲤大赛由中国渔业协会、中国渔业协会水族分会（筹）、广东省水族协会、广东锦鲤同业会主办，于2007年12月21日至23日在广东省东莞市东莞国际会展中心举行，东莞市新文传媒集团、东莞市先驱广告有限公司承办。

第八届中国锦鲤大赛由中国渔业协会水族分会、广东省水族协会、广东省锦鲤同业会主办，于2008年12月19日至21日在广东省东莞市万江区万江大道新华南MALL（BC）区举行，东莞市渔业协会、东莞市锦鲤协会协办。

第九届中国锦鲤大赛由中国渔业协会水族分会、广东省水族协会、广东省锦鲤同业会举办。于2009年12月29日至2010年1月3

北京市首届（通州区第三届）中国金鱼、锦鲤大赛暨鉴赏会

10 月 16 日通州比赛

日在广东省中山市古镇绿化博览园内举行。

第十届中国锦鲤大赛冠名"珠江钢管杯"由广东省水族协会、广东省锦鲤同业会主办。于 2010 年 9 月 29 日至 10 月 1 日在广东省广州市番禺北广场举行。

中国锦鲤若鲤大赛

首届中国锦鲤若鲤大赛于 2005 年 8 月 5 日至 7 日在广东省佛山市顺德区陈村花卉世界举行，由广东省锦鲤同业会主办，农业部前副部长齐景发到会，并为冠军颁发奖杯。

第二届中国锦鲤若鲤大赛于 2006 年 6 月 2 日至 4 日在广东省佛山市顺德区陈村花卉世界举行。由中国水产学会观赏鱼分会、广东省水族协会、广东省锦鲤同业会、顺德区农业局联合主办，顺德海皇锦鲤养殖有限公司承办。

第三届中国锦鲤若鲤大赛冠名"泽酩·滨海杯"，于 2010 年 7 月 23 日至 25 日在广东省东莞市万江区万江大道新华南 MALL（BC）区举行。大赛由中国渔业协会水族分会、广东省水族协会、广东省锦鲤同业会联合主办。

北京市第三届金鱼锦鲤大赛

2010 北京·金鱼锦鲤大赛

北京市中国金鱼、锦鲤大赛暨鉴赏会

北京市首届（通州区第三届）中国金鱼、锦鲤大赛暨鉴赏会于2007年9月6日在北京中山公园举行。由北京市渔业协会、中国水产学会观赏鱼分会、 中国水产杂志社、《水族世界》杂志主办，北京市渔业协会承办。

北京市第二届中国金鱼、锦鲤大赛暨鉴赏会于2008年10月16日至20日在北京鑫淼观赏鱼养殖中心内举行。由北京市通州区人民政府、北京市农业局、北京市农林科学院、中国水产学会观赏鱼分会主办。

北京市第三届中国金鱼、锦鲤大赛暨鉴赏会于2009年10月16日在朝阳区高碑店华声天桥民俗文化园举行。由北京市朝阳区人民政府、北京市农业局、北京市农林科学院、中国水产学会观赏鱼分会共同主办。

2010北京·金鱼锦鲤大赛于2010年9月30日至10月7日在朝阳公园举行，全国水产技术推广总站、中国水产学会观赏鱼分会、北京市农业局、北京市农林科学院主办，北京市水产科学研究所、北京市水产技术推广站承办。

另外较为出名的赛事还有香港锦鲤品评会，至今已经举办26届。还有2009年在广州举办的第二届亚洲锦鲤大赛、各地也曾举办小规模的锦鲤比赛。

锦鲤评审标准的诞生

锦鲤引入中国养殖已有二十多年了。全国性的比赛，也已经举办了许多届，但许多朋友对锦鲤是如何进行评审的？如何进行"选美"？其标准是什么？所知甚少。星野先生曾经撰写《锦鲤审查标

第26届香港锦鲤品评会

东京大正博览会

准的诞生》一文，介绍了锦鲤评审标准的诞生过程及评审标准的内容。

作为锦鲤最早的品评会的记录，出现在日本大正年间（1912—1926年）的初期。那时候，人们把3岁的食用鲤以5尾一组，以体长、品质优劣、体重等作为评审条件，竞赛出一等、二等奖。作为锦鲤，不用说参赛的品种当然是以红白（更纱）为主，同时还有浅黄等品种出赛，这就是最早的锦鲤品评会了。

日本昭和三十七年（1962年），举办了第一届新潟县锦鲤品评会，当时使用的审查标准，是由川上胜、广井诚、关贤一、大垅兼次总结并流传至今。由于原稿是文言文，字面解释较难，在此将其归纳为表格，原文就不引用了。

日本战前的品评会

日本战后的品评会

表1

区分	体型	色调	斑纹	合计
昭和三十六年前	30分	30分(资质、品位、风格)	40分	100分

表1规定，只适用于性成熟的成熟年龄的鱼，而且规定幼鱼以下如果按此标准进行评审的话，游姿则不作为审查条件。该标准以斑纹条件为主要内容，占了最大的分数。

表2

区分	体型	色调	斑纹	合计
昭和三十七年后	50分	30分（色调、资质）	20分	100分

日本昭和三十七年（1962年）后，更改了评审的标准，成为表2的内容。其中体型条件所占分数最多。同时，对细部的评审项目，增加了后述的明确细项内容。

1. 体型（50分）

（1）一般外貌（10分）

体型为纺锤型，流畅、优美。从上往下看，背部挺直，腰强韧，尾柄粗壮，形状良好。一般来说，其外貌由于品种的不同允许稍微的差异范围。

（2）头部（10分）

头的形状良好，没有变形。吻、眼球、面部、下颌、鳃盖等没有变形，从鼻尖经过颈部到背鳍成一直线。头的形状在头与颈部的连接部位基于系统的遗传特征会有所不同，如果评审员熟悉此则可提高评审查的精度。

（3）鳍条（10分）

鳍条是否完整，没有缺损，背鳍、尾鳍端正挺拔，胸鳍、腹鳍要生长得匀称而对称，特别是胸鳍要完好而无裂开。雌、雄鱼的胸鳍是不同的，是性别的特征，应与畸形和变形区别。

（4）有性征感（10分）

所谓性征，就是性别的表现形态。性征是遗传给子孙的最重要的征候，所以在成鱼时必须一看就可以鉴别其性别，必须雌是雌的样子，雄是雄的模样。

日本评委在北京锦鲤大赛现场

（5）鳞排列的美丽程度（10分）

德国鲤鳞片排列整齐美丽，没有多余的赘鳞。在德国鲤中，鳞片排列整齐的镜鲤排上位；革鲤次之。

2. 色调、资质（30分）

（1）每种颜色须鲜明，边际清楚（10分）

（2）具有健康的光泽。另外各自品种在白色底色的地方具与其相称的透明度（10分）

（3）色调美丽（10分）

在光泽类中光泽程度秀丽，头部干净，而且覆盖很好；金银鳞品种要具强的光彩，鳞片排列整齐。

3. 斑纹（20分）

（1）具有品种特征的斑纹（5分）

（2）左右对称的斑纹（5分）

（3）没有各品种禁忌部位出现的色和斑（5分）

（4）红斑下卷深，达到侧线以下的（5分）

分析以上的标准，可以看到，标准都是根据当时的时代要求而添加的，对最难做出的部分配给了最高分，体现了生产者对需改良方面的注意。例如：对于体型，在备注栏里写的是作为主要改良的努力方向。其后锦鲤的大型化发展可以认为就是当时提出的结果。

日本昭和三十七年所制定的《审查标准》，是为了日本第一届新潟县锦鲤品评会，这个《审查标准》延用到了今天。

北京地区的评分原则（总分100分）

1. 体型（40分）

体型协调、匀称，雄壮有力，身体各部位比例适当，无残缺。

锦鲤大赛期间的各种拍卖活动

2. 质地（20分）

颜色鲜明、细腻、浓厚、油润，白地务求瓷白、洁净。绯盘均匀、边缘鲜明，墨斑协调，墨质浓重结实。

3. 斑纹（20分）

各品种各具特有的斑纹。斑纹的重点在头部与背部之间以及尾基部分，总体要求斑纹均衡协调。

4. 游姿（10分）

游姿协调，优美顺畅，健硕有力。

5. 总体印象（10分）

主要依据其体型、白质、红质、墨质、斑纹、游姿等综合评估。注重体格粗壮，外形雅观，具有稳重感和神韵。

参考文献

蔡仁逵 .1987. 淡水养鱼手册 [M]. 上海：上海科学技术出版社 .

陈万光，郭国强，张耀武 .2005. 日本锦鲤人繁及鱼苗培育试验 [J]. 科学养鱼 ,(10):72-73.

陈苏 .1991. 锦鲤 [M]. 广州：广东科技出版社 .

狄克·米尔斯（英）.1997. 自然珍藏图鉴丛书——观赏鱼 [M]. 猫头鹰出版社，译 . 北京：中国友谊出版公司 .

何培民，张钦江，何文辉 .1999. 螺旋藻对锦鲤生长和体色的影响 [J]. 水产学报 ,23(2):162-168.

胡保同，刘柱军 .2009. 综合养鱼 200 问 [M]. 北京：中国农业出版社 .

黄琪琰 .1993. 水产动物疾病学 [M]. 上海：上海科学技术出版社 .

江育林，陈爱平 .2003. 水生动物疾病诊断图鉴 [M]. 北京：中国农业出版社 .

蒋青海 .2004. 观赏鱼饲养大全 [M]. 南京：江苏科学技术出版社 .

匡庸德 .1991. 家养观赏鱼 [M]. 广州：广东科技出版社 .

冷向军，李小勤 .2006. 水产动物着色的研究进展 [J]. 水产学报 ,30(1):138-143.

梁拥军 .2007. 怎样养鲤鱼 [M]. 北京：中华工商联合出版社 .

梁拥军，史东杰，张升利，等 .2010. 锦鲤的池塘养殖技术 [J]. 齐鲁渔业 ,(12):57.

梁拥军，孙向军，李文通，等 . 红白锦鲤的染色体核型分析 [J]. 安徽农业科学 ,(14):551-553 .

梁拥军，孙向军，梁满景，等 .2010.DB11/T 736 ~ 2010, 锦鲤养殖技术规程 [S]. 北京：北京市质量技术监督局 .

梁拥军，孙向军，梁满景，等 . 2008. 锦鲤循环水养殖池建造技术 [J]. 渔业致富指南 ,(24):37-39.

梁拥军，孙向军，穆祥兆，等 .2008. 锦鲤亲鱼培育与苗种规模化繁育技术 [J]. 水产科技情报 ,(4):57-60.

梁拥军；孙向军；史东杰，等 . 2009. 锦鲤夏花水泥池放养注意事项 [J]. 科学种养 ,(9)：42.

梁拥军，孙向军，史东杰，等 . 2010. 用团头鲂精子诱导红白锦鲤雌核发育研究 [J]. 安徽农业科学 ,29:16262-16265

刘金海，王安利，王维娜，等 .2002. 水产动物体色色素组分及着色剂研究进展 [J]. 动物学杂志 ,37(3):92-96.

楼允东 .2006. 鱼类育种学 [M]. 北京：中国农业出版社 .

罗振鸿 .1997. 观赏鱼饲养与欣赏 [M]. 福州：福建科学技术出版社 .

阙林生，陆军，等 .2005 锦鲤的筛选技术 [J]. 水产科技情报 ,32（5）：230-232.

史东杰，孙向军，梁拥军 .2010. 日本锦鲤竖鳞病一例 [J]. 齐鲁渔业 ,（6）：53.

苏建通，梁拥军，孙向军，等 .2009. 日本锦鲤鱼苗培育技术 [J]. 科学养鱼 ,(6)：77-78.

畑井喜司雄，小川和夫 .2007. 新鱼病图谱 [M]. 北京：中国农业大学出版社 .

王安利，刘金海，王维娜 .2005. 锦鲤总色素及色素组分的比较研究 [J]. 水生生物学报 ,29(6):694-698.

王吉桥 .2003. 水生观赏动物养殖学：观赏渔业 [M]. 北京：中国农业出版社 .

王武 .2000. 鱼类增养殖学 [M]. 北京：中国农业出版社 .

星野（季）.2007 锦鲤问答 [M]. 东京：新日本教育图书株式会社 .

许品章，包卫空 .2009. 锦鲤 [M]. 北京：化学工业出版社 .

占家智，羊茜，孙晓明，等 .2009. 锦鲤养殖与鉴赏 [M]. 北京：金盾出版社 .

战文斌 .2010. 水产动物病害学 [M]. 北京：中国农业出版社 .

张洁月 .1998. 池塘养鱼 [M]. 修订版 . 北京：高等教育出版社 .

章之蓉，唐思良，李彪 .2002. 锦鲤 [M]. 北京：中国农业出版社 .

郑曙明 .2007. 观赏水产养殖学 [M]. 重庆：西南师范大学出版社 .

朱艺峰，麦康森 .2003. 鱼饲料着色剂类胡萝卜素研究进展 [J]. 水生生物学报 ,27(2):196-200.

Kaspar Horst & Horst E.Kipper.1995. 最完美水草水族箱 [J]. 林俊年，译 . 台湾：观赏鱼杂志社 .

Cizek A, Sochorova R, Dolejska M, et al. 2010.Antimicrobial resistance and its genetic determinants in aeromonads isolated in ornamental (koi) carp (Cyprinus carpio koi) and common carp (Cyprinus carpio) [J]. Veterinary Microbiology, [J]. Aquaculture, (142):435-439.

David L, Katzman H, Hillel J, et al. 2004.Aspects of red and black color inheritance in the Japanese ornamental (Koi) carp (Cyprinus carpio L.) [J]. Aquaculture, (233):129-147.

Gomelsky B, Hulata G, Cherfas N B, et al. 1995.Color variability in normal and gynogenetic progenies of ornamental (Koi) common carp (Cyprinus carpio L.) [J]. Aquaculture,(137):99-102.

Gregory A.1998.Clinical Nutrition of Ornamental Fish [J]. Seminars in Avian and Exotic Pet Medicine, 7(3):154-158.

Halachmi I .2006.Systems engineering for ornamental fish production in a recirculating aquaculture system [J]. Science Direct, (259):300-314.

Kohlmann K, Kersten P. 1999 .Genetic variability of German and foreign common carp (Cyprinus carpio L.) populations [J]. Aquaculture, (173):435-445.

Lim L C, Dhert P, Sorgeloos P. 2003.Recent developments in the application of live feeds in the freshwater ornamental fish culture [J]. Aquaculture,(227):319-331.

Odegard J, Olesen I, Gjerde B,et al.2010.Genetic analysis of common carp (Cyprinus carpio) strains.Ⅱ:Resistance to koi herpesvirus and Aeromonas hydrophila and their relationship with pond survival [J].Aquaculture,(304):7-13.

Sales J. 2003.Nutrient requirements of ornamental fish [J]. Aquatic Living Resources, (16):533-540.

Wang C H, Li S F.2004.Phylogenetic relationships of ornamental (koi) carp, Oujiang color carp and Long˜fin carp revealed by mitochondrial DNA COII gene sequences and RAPD analysis [J].Aquaculture, (231):83-91.

鸣　谢

在本书编写过程中得到了以下单位和个人的大力支持与协助，在此一并致以诚挚的谢意（排名不分先后）。

观赏鱼产业技术体系北京市创新团队全体同仁

中国水产科学研究院长江水产研究所

中国水产杂志社《水族世界》编辑部

全日本锦鲤振兴会

日本《月刊锦鲤》杂志社

《月刊锦鲤》杂志社广东分社

日本 TAMON 公司

北京昌晟锦顺养殖有限公司

北京市通州鑫淼水产总公司

中国水产学会司徒建通先生、刘雅丹女士

大连海洋大学姜志强先生

日本国际锦鲤普及协会理事长伊左先先生

广东锦鲤同业会许品章先生

广东丽田锦鲤养殖场陈锡波先生

ICS 65.150
B 52
备案号：28506-2010

DB11

北 京 市 地 方 标 准

DB11/T 736—2010

锦鲤养殖技术规程

Technical code of practice of the koi carp(*Cyprinus carpio*.L.)culture

2010-08-13 发布   2010-12-01 实施

北京市质量技术监督局   发布

前　　言

本标准按照 GB/T　1.1—2009 给出的规则起草。

本标准由北京市农业局提出。

本标准由北京市农业标准化技术委员会养殖业分会归口。

本标准由北京市农业局组织实施。

本标准起草单位：北京市水产科学研究所。

本标准主要起草人：梁拥军、孙向军、梁满景、穆祥兆。

锦鲤养殖技术规程

1 范围

本标准规定了锦鲤养殖的环境条件、亲鱼培育、人工繁殖、苗种培育、苗种挑选、成鱼养殖和病害防治等方面的技术内容。

本标准适用于北京地区规模化锦鲤鱼苗、鱼种的培育和成鱼养殖。

2 规范性引用文件

下列文件对于本文件的应用是必不可少的。凡是注日期的引用文件，仅注日期的版本适用于本文件。凡是不注日期的引用文件，其最新版本（包括所有的修改单）适用于本文件。

GB/T 18407.4　农产品安全质量　无公害水产品产地环境要求

NY 5051　无公害食品　淡水养殖用水水质

NY 5071　无公害食品　渔用药物使用准则

SC/T 1026　鲤鱼配合饲料

DB11/T 196　常见鱼病防治技术操作规程

水产养殖质量安全管理规定　中华人民共和国农业部令（2003）第 31 号

3 术语和定义

下列术语和定义适用于本文件。

3.1

红白锦鲤（红白）kohaku

体表白底上只有红斑的锦鲤。

3.2

大正三色锦鲤（大正三色）taisho sanke

体表白底上有红斑和黑斑，但头部只有红斑而无黑斑的锦鲤。

3.3

昭和三色锦鲤（昭和三色）showa sanke

黑底的体表上有红斑和白斑的锦鲤。

4 环境条件

4.1 产地要求

养殖场地的环境应符合 GB/T 18407.4 的规定。

4.2 鱼池水质

应符合 NY 5051 的规定。

4.3 鱼池条件

各养殖阶段鱼池条件以表 1 要求为宜。

表1 鱼池条件

鱼池类别	面积（m²）	池深（cm）	构造	清池消毒	备注
亲鱼池	1 500 ～ 3 000	180 ～ 200	土池	鱼入池前 15d 应用生石灰 200mg/L 或漂白粉（含有效氯 30%）20mg/L 泼洒。	进、排水口应分开，并在室外池塘的上方搭建防鸟网。
产卵池	20 ～ 30	100 ～ 120	水泥池		
苗种池	16 ～ 20	65 ～ 80	水泥池		
	600 ～ 1 500	150 ～ 200	土池		
成鱼池	50 ～ 100	120 ～ 150	水泥池		
	2 000 ～ 3 500	180 ～ 250	土池		

5 亲鱼培育

5.1 亲鱼选择

选择 3 龄以上品种特征明显、体格健壮、体色鲜艳、色斑呈云朵状、色纯无杂点、遗传性状相对稳定、性腺发育成熟的个体。

5.2 放养条件

雌、雄分养，比例为 1 ∶（1 ～ 2）；密度控制在 450 尾 /hm² ～ 750 尾 /hm²。

5.3 鱼体消毒

亲鱼放养前进行鱼体消毒，常用消毒方法：5% 的食盐水溶液或 5mg/L ～ 10mg/L 高锰酸钾溶液，浸洗 5min ～ 10min。

5.4 投喂

应选择配合饲料，营养指标参照 SC/T 1026 的相关规定，日投喂量为鱼体重的 2% ～ 3%。日投喂 2 次，上午、下午各 1 次。投喂应定质、定量、定时、定点。

5.5 日常管理

坚持早、中、晚巡池检查，观察亲鱼吃食、活动情况。注意水质变化，防止缺氧浮头。

6 人工繁殖

6.1 时间

每年 4 ～ 5 月，当水温稳定在 18℃ ～ 22℃时即可进行繁殖。

6.2 鱼巢准备

将晒干的棕榈树根须或聚乙烯条扎成小束，用作鱼巢。在产卵前将鱼巢放入 100mg/L 的高锰酸钾溶液中浸泡 20min，清水漂净后捞出晒干。

6.3 产卵

6.3.1 自然产卵

自然产卵按以下要点操作：

1）选择性成熟度较好的亲鱼放入产卵池中，按雌雄比为 2 ∶ 3 的比例配组。亲鱼的放养密度为 2 尾 /m² ～ 4 尾 /m²；

2）在池的四周呈"一"字形或三角形吊挂鱼巢，并保持流水刺激亲鱼发情、产卵，流速控制在 10cm/s ～ 20cm/s；

3）产卵结束后，将鱼巢移入孵化池或留在产卵池中孵化，亲鱼放回亲鱼池进行康复培育。

6.3.2 人工催产

人工催产按以下要点操作：

1）选择性成熟度较好的亲鱼放入产卵池中，按雌雄比为 3 ∶ 2 的比例配组；

2）催产时间以 16 ∶ 00 ～ 17 ∶ 00 为宜；

3）雌鱼的催产剂用量为：人绒毛膜促性腺激素（HCG）800IU/kg ～ 1000IU/kg，或促黄体素释放激素类似物（LRH–A$_2$）8μg /kg ～ 12μg/kg，催产剂应随用随配制；雄鱼的剂量减半。注射次数为一次，胸鳍基部注射；

4）催产后 13h ～ 14h，当亲鱼发情、追逐时进行干法授精；

5）将受精卵均匀黏附于鱼巢上后，将鱼巢放入孵化池或苗种池中孵化。

6.4 孵化管理

孵化管理按以下要点操作：

1）孵化时保持水中的溶氧量 6mg/L ～ 8mg/L，保持微流水状态，防止水温急剧变化；

2）将附着受精卵的鱼巢用 3% ～ 5% 的食盐溶液浸泡 10min ～ 15min 进行消毒，以防止水霉病的发生；

3）水温 20℃ ～ 22℃，经 3d ～ 5d，鱼苗脱膜而出。当鱼苗在网箱中暂养 3d ～ 4d 后，鳔充气、卵黄囊完全消失，具有较强的游泳和捕食能力时，即可出池。

7 苗种培育

7.1 放养密度

苗种培育期间根据鱼体生长在每次挑选时进行适当调整疏放，具体放养规格与密度关系见表2。

表2 苗种培育放养规格和密度关系

放养规格（cm）		初孵仔鱼	2～3	4～5	6～7
放养密度	水泥池（尾/m²）	200～220	160～180	120～140	30～40
	池塘（尾/hm²）	1 950 000～2 250 000	180 000～225 000	90 000～120 000	22 500～30 000

7.2 投喂

苗种投喂可按以下要求操作：

1）鱼苗入池15d内泼喂豆浆；

2）鱼苗入池15d～20d时搭配投喂粒径为0.5mm的破碎配合颗粒饲料；

3）鱼苗投放20d后可直接投喂直径为0.5mm的配合颗粒饲料；

4）随着鱼苗的长大，加大配合颗粒饲料的粒径；

5）每天宜投喂3次，上午、中午、下午各喂1次。日投喂量为鱼体重的8%～10%。

7.3 日常管理

日常管理按以下要求操作：

1）鱼苗下塘时水深为50cm，随后逐渐加深至100cm；

2）鱼苗下塘前应投喂熟鸡蛋黄，每10万尾鱼苗投喂1个蛋黄，方法是将蛋黄用双层纱布包住在水中揉成蛋黄水后全池泼洒；

3）鱼苗下塘操作时应将鱼苗带水一起外移，温差不超过±2℃；

4）坚持巡池，观察水质变化、苗种的摄食和活动情况；

5）经常换水、排污，防止池水浑浊，保持池水肥、活、嫩、爽；

6）养殖过程中的操作要细、轻、慢；

7）在高温季节，应搭建遮阳网。

7.4 苗种挑选

7.4.1 挑选时间

鱼苗孵出40d后生长至3cm～5cm时进行初次挑选，七月上旬当鱼苗长至8cm～

10cm 时进行第二次挑选，主要品种特征参见附录 A 表 A.1。

7.4.2 初次挑选

7.4.2.1 红白的挑选

去掉畸形、全红、全白的鱼苗，其他全部留下，待第二次挑选。

7.4.2.2 大正三色的挑选

去掉畸形、全红、全白、淡黑色的鱼苗，白嘴带花纹的鱼苗为标准的大正，初选时全部留下。

7.4.2.3 昭和三色的挑选

出苗后 3d 做初步挑选，全黑的鱼苗（黑仔）留下，剩下白苗可与红白混养；第一次挑选 40d 后，将青黄色苗淘汰，其余留下。

7.4.3 第二次挑选

7.4.3.1 红白的挑选

红白的挑选可按以下要求进行：

1) 筛除仅头部呈红色，且绯纹不完整者；

2) 除了丹顶红白锦鲤外，筛除全身红色花纹不到二成者；

3) 筛除红色花纹明显偏位者（偏前、偏后、偏左、偏右者）；

4) 筛除碎石点红较多者；

5) 头部如同带头巾般呈全红者，除了花纹完整者外，其余应筛除；

6) 虽是素红，但红色特别强，从胸鳍到腹部呈红色者，以红鲤而言最有价值，应保留；

7) 背部全部呈现红色，但鱼体腹部呈现为洁白者，将会出现间断而可能会变为花纹，应保留；

8) 因遗传特性难以把握和池塘水质的差异，有时锦鲤的红色会出现淡红或橘红色，到了初秋时会突然变得美丽。虽然红色不好，但只要花纹的形状好看，应保留；

9) 保留红色花纹明显者；

10) 保留红色虽淡，但切边明确者。

7.4.3.2 大正三色的挑选

大正三色的挑选可按以下要求进行：

1) 筛除背部无色，墨色或红色集中于侧线以下者；

2) 保留红斑、墨斑在白底中呈现花纹者；

3）鱼体为蓝色且其颜色今后会变得深厚者，除非有严重缺点的，应保留；

4）筛除鱼体呈现白色，墨色为碎石型者，若体色呈蓝色，虽有些碎石墨，仍应保留；

5）保留胸鳍有一条或二条墨色条纹者，日后会变成为深厚墨色。

7.4.3.3 昭和三色的挑选

昭和三色的挑选可按以下要求进行：

1）筛除体色完全无白底，或在灰色底中只有少许墨斑者；

2）筛除在灰色底中有土黄色者；

3）保留有白色、绯色、黄色的特征，且墨色明显者；

4）不管色彩浓淡，应保留在墨纹中有红色者；

5）墨色花纹特别好看而又明显者，即使红色质地较差，但仍有变为优质锦鲤可能的，应保留；

6）筛除墨色部分和花纹少者（除非墨色质地特别好），但应保留红色花纹好看者；

7）保留头部或胸鳍基部，以及口吻处有浓墨者，墨色有统一感者。

8 成鱼养殖

8.1 放养时间

5月下旬至6月中、下旬。

8.2 鱼种规格

体长≥5cm。

8.3 鱼体消毒

同5.3。

8.4 放养密度

水泥池和土池塘的放养密度如下：

1）水泥池：密度为30尾/m² ～40尾/m²；

2）土池塘：A、B级锦鲤3 750尾/hm² ～7 500尾/hm²，C、D级锦鲤12 000尾/hm² ～15 000尾/ hm²；另搭配规格为5cm左右的鲢鱼、鳙鱼鱼种3 000尾/hm²，鲢鱼、鳙鱼之间的比例为3∶1。A、B、C级锦鲤分级标准参见附录A表A.2～A.4。

8.5 饲料投喂

饲料以配合饲料为主，投喂量一般为鱼体重的1%～3%。投喂量应根据季节、天气、水质和鱼的摄食情况进行调整。水泥池养殖的日投喂次数应为 3 次，上午、中午和下午各 1 次，土池养殖的日投喂 2 次为宜，上午、下午各 1 次。

8.6 日常管理

坚持每天早、中、晚巡塘一次，观察水质的变化、鱼的活动和摄食情况，及时调整投喂量，加注新水；经常排污或清除池内杂物，保持池内清洁；阴雨天，及时开启增氧机；抽样检查、捕捞时操作应轻柔；发现死鱼、病鱼及时捞出掩埋。按《水产养殖质量安全管理规定》中附件要求填写生产记录。

9 病害防治

9.1 病害预防

病害以防治为主，应按照以下要求操作：

1）在养殖过程中，保持水质清新；

2）应尽量避免鱼体受伤；

3）生产工具应专池专用，使用前后进行消毒或曝晒。消毒的药物：高锰酸钾 100mg/L，浸洗 30min；或食盐 5%，浸洗 30min；或漂白粉 5%，浸洗 20min；

4）鱼苗、鱼种下池前按 5.3 进行消毒。

9.2 常见鱼病及其治疗方法

9.2.1 鱼病防治参照 DB11/T 196 的相关规定执行。常见鱼病及其治疗方法见附录 B，其他鱼病的药物使用应符合 NY 5071 的规定。

9.2.2 使用药物后，应按照《水产养殖质量安全管理规定》中附件要求填写生产记录《水产养殖用药记录》。

附 录 A

（资料性附录）

锦鲤主要类别特征及分级标准

表 A.1　锦鲤主要类别特征

类别	特　　　　征
红白锦鲤	体表底色雪白，上有红色斑纹。斑纹可分 2～4 段，或从头至尾呈带状
大正三色锦鲤	体表底色雪白，上有绯红、墨黑两色斑纹。以墨色不进入头部为标准
昭和三色锦鲤	鱼体以黑色为底，上现红、白花纹。墨斑一定要进入头部

表 A.2　红白锦鲤分级标准

	A 级	B 级	C 级
体型	①体高与体长比例应为 1：2.6 至 1：3.0	体高与体长比例应为 1：2.6 至 1：3.0	体高与体长比例可允许有 10% 左右的偏差
	②吻部较宽、尾柄粗，背部形成优美曲线	吻部较宽、尾柄粗，背部形成优美曲线	与 A、B 级标准要求基本相同
颜色	①整体色彩要求浓厚、鲜艳	整体色彩要求浓厚、鲜艳	与 A、B 级标准要求基本相同
	②底色应纯白如雪，不可掺杂其他颜色，也不得有污点、污斑	底色应纯白如雪，不可掺杂其他颜色，也不得有污点、污斑	与 A、B 级标准要求基本相同
	③红斑质地均匀且浓厚，以格调明朗的鲜红色、血红色、紫红色为佳；红斑边缘（指与白底分界处）鲜明	红斑质地均匀且浓厚，以格调明朗的鲜红色、血红色、紫红色为佳；红斑边缘（指与白底分界处）鲜明	红斑颜色可以放宽为橙黄色
斑纹	①躯干两侧红斑须左右对称，且应该以大块红斑为主	与 A 级①相同	躯干两侧红斑不要求左右对称，红斑可为小块斑纹
	②从鼻孔到尾鳍基部的红斑总量须占鱼整体表面积的 30%	与 A 级②相同	从鼻孔到尾鳍基部的红斑总量无要求
	③从吻部至眼前缘、眼部、颊部、鳃盖都不能有红斑；各鳍部也不能有红斑出现	吻部、眼部允许小块红斑出现；背鳍、胸鳍也可有一至两块小红斑	吻部、眼部、颊部、鳃盖和各鳍部都可以有红斑出现
	④背鳍基部至侧线之间必须有红斑	与 A 级④相同	背鳍基部至侧线之间对红斑无严格要求
	⑤尾柄处有红斑覆盖	与 A 级⑤相同	尾柄处对红斑无要求
	⑥所有红斑不可延伸或出现在侧线以下	红斑可延伸至侧线以下第二排鳞	红斑可延伸至侧线以下
	⑦其他：整体红斑以呈三段或四段分布为最佳；若红斑连续分布，则必须呈闪电状	其他：红斑与白底分界明显，呈不规则状	其他：红斑与白底分界明显，呈不规则状

表 A.3　大正三色锦鲤分级标准

		A 级	B 级	C 级
体型		①体高与体长比例应为 1 : 2.6 至 1 : 3.0	体高与体长比例应为 1 : 2.6 至 1 : 3.0	体高与体长比例可允许有 10% 左右的偏差
		②吻部较宽、尾柄粗,背部形成优美曲线	吻部较宽、尾柄粗,背部形成优美曲线	与 A、B 级标准要求基本相同
颜色		①整体色彩要求浓厚、鲜艳	整体色彩要求浓厚、鲜艳	与 A、B 级标准要求基本相同
		②底色应纯白如雪,不可掺杂其他颜色,也不得有污点、污斑	底色应纯白如雪,不可掺杂其他颜色,也不得有污点、污斑	与 A、B 级标准要求基本相同
		③红斑质地均匀且浓厚,以格调明朗的鲜红色、血红色、紫红色为佳;红斑边缘(指与白底分界处)鲜明	红斑质地均匀且浓厚,以格调明朗的鲜红色、血红色、紫红色为佳;红斑边缘(指与白底分界处)鲜明	红斑颜色可以放宽为橙黄色
		④黑斑质地浓厚,呈漆黑色块状,不可分散或浓淡不均匀	黑斑质地浓厚,不可分散或浓淡不均匀	有黑斑即可,对黑色浓度无要求
斑纹		①所有红斑要求与红白 A 级标准相同;头部必须有红斑且无黑斑	所有红斑要求与红白 B 级标准相同;头部必须有红斑且无黑斑	所有红斑要求与红白 C 级标准相同;头部必须有红斑且无黑斑
		②所有黑斑须呈浓厚、不分散的大块状分布,且不与红斑重叠	与 A 级②相同	有黑斑存在即可,颜色浓度不要求,可为小黑斑,但不能小如芝麻状;黑斑可与红斑相重叠
		③从鼻孔到尾鳍基部的黑斑总量须占鱼整体表面积 10%,红斑与黑斑总和不超过 40%	与 A 级③相同	与 A、B 级③基本相同,要求可适当放宽
		④从吻部至眼前缘、眼部、颊部、鳃盖都不能有红斑或黑斑;各鳍部也不能有红斑黑斑出现	吻部、眼部、颊部、鳃盖以及背鳍、胸鳍、腹鳍、尾鳍处可有且只可有一至两块小黑斑	吻部、眼部、颊部、鳃盖以及背鳍、胸鳍、腹鳍、尾鳍处都可有黑斑
		⑤从头部后缘到背鳍前缘须有块状黑斑	与 A 级⑤相同	从头部后缘到背鳍前缘对黑斑无要求,可有可无
		⑥尾柄处应有红斑存在,身体后半部不可有太多黑斑	与 A 级⑥相同	尾柄处对红斑和黑斑无要求

表 A.4　昭和三色锦鲤分级标准

	A 级	B 级	C 级
体型	①体高与体长比例应为 1：2.6 至 1：3.0	体高与体长比例应为 1：2.6 至 1：3.0	体高与体长比例可允许有 10%左右的偏差
	②吻部较宽、尾柄粗，背部形成优美曲线	吻部较宽、尾柄粗，背部形成优美曲线	与 A、B 级标准要求基本相同
颜色	①整体色彩要求浓厚、鲜艳	整体色彩要求浓厚、鲜艳	与 A、B 级标准要求基本相同
	②白斑应纯白如雪，不可掺杂其他颜色	白斑应纯白如雪，不可掺杂其他颜色	与 A、B 级标准要求基本相同
	③红斑质地均匀且浓厚，以格调明朗的鲜红色、血红色、紫红色为佳；红斑边缘（指与白底分界处）鲜明	红斑质地均匀且浓厚，以格调明朗的鲜红色、血红色、紫红色为佳；红斑边缘（指与白底分界处）鲜明	红斑颜色可以放宽为橙黄色
	④黑斑质地浓厚，呈漆黑色块状，不可分散或浓淡不均匀	黑斑质地浓厚，不可分散或浓淡不均匀	有黑斑即可，对黑色浓度无要求
斑纹	①从吻部到尾鳍基部的黑斑总量须占鱼整体表面积 35%，红斑占 25%	从吻部到尾鳍基部的黑斑总量须占鱼整体表面积 35%，红斑占 25%	与 A、B 级①相同
	②头部红斑不应覆盖至两侧鳃盖	头部红斑不应覆盖至两侧鳃盖	头部红斑要求可覆盖至两侧鳃盖以下
	③黑斑于鱼体两侧交错分布，应延伸至腹部，以呈闪电形和人字形为最佳	黑斑于鱼体两侧交错分布，应延伸至腹部	与 A、B 级③相同
	④从吻部至眼后缘区域必须有黑斑	从吻部至眼后缘区域必须有黑斑	从吻部至眼后缘区域必须有黑斑
	⑤胸鳍基部必须有呈半圆状黑斑，且左右对称	胸鳍基部可无黑斑，若有则必须呈放射条状，且左右对称	胸鳍基部可有黑斑，形状可不规则，但必须两侧同时存在
	⑥其余各鳍都不可有黑斑存在	其余各鳍都不可有黑斑存在	其余各鳍可有少量黑斑存在

附 录 B

（资料性附录）

锦鲤常见病害及其防治措施

表 B.1 锦鲤常见病害及其防治措施

分类	病名	症状	治疗方法	注意事项
真菌性疾病	水霉病（肤霉病、白毛病）	鱼体上长了一层"白毛"，如不及时治疗，当病菌侵入到体内时，鱼就会逐渐衰弱而死。当寄生在鳃部时就形成鳃霉病，常引起暴发性死亡	1、食盐 10g/L～30g/L 浸浴 5min～10min。 2、全池泼洒食盐 400mg/L 加小苏打 400mg/L	
细菌性疾病	皮肤发炎充血病	皮肤发炎充血，以眼眶四周、鳃盖、腹部、尾柄等处常见，有时鳍条基部也有充血现象，严重时鳍条破裂。病鱼鳞片通常完整，没有脱落。病鱼浮在水表或沉在水底，游动缓慢，反应迟钝，食欲较差	高锰酸钾 20mg/kg 浓度浸洗鱼体。当水温20℃以下时，浸洗 20min～30min；21℃～32℃，浸洗 10min～15min，用作预防和早期治疗	
	赤皮病	病鱼皮肤局部或大部发炎充血，背鳍、尾鳍等鳍条基部充血，鳍条末端腐烂，口腔和肌肉正常。病鱼鳞片脱落（和皮肤发炎充血病的区别），特别是鱼体两侧及腹部最明显	全池泼洒含氯制剂，按 NY 5071 的规定执行	漂白粉休药期 ≥5d；二氧化氯、二氯异氰尿酸休药期 ≥10d
	肠炎病	病鱼离群独游，厌食、停食；体色发黑，肛门红肿，腹部膨大；剖开鱼腹，可见腹腔中有腹水、肠壁充血发炎、肠内无食物而有大量的黏液，肠壁弹性差	1、全池泼洒聚维酮碘（有效碘 1.0%）0.2mg/L～2.0mg/L，每天一次，连用 3d～5d 2、每千克鱼体重口服大蒜素 0.1mg～0.2mg，每天一次，连用 4d～6d	聚维酮碘勿与金属物品接触，勿与季铵盐类消毒剂直接混合使用
	烂鳃病	病鱼体色发黑，厌食，鳃丝红肿或腐烂、缺损，鳃表面有较多的黏液和白色增生物	全池泼洒含氯制剂，用法用量按 NY 5071 的规定执行	漂白粉休药期 ≥5d；二氧化氯、二氯异氰尿酸休药期 ≥10d
	竖鳞病（松鳞病、立鳞病）	病鱼体表粗糙，鳞片竖立，外观呈松球状，严重时眼球突出、呼吸急促、背部翻转过来，以至死亡。鳞囊水肿，其内部积存着半透明或含血的渗出液，如在鳞片上稍加压力，就会有液体从鳞囊喷射出来。病鱼沉于水底或身体失去平衡，腹部向上，最后衰竭而死	1、食盐 10g/L～30g/L 浸浴 5min～10min 2、全池泼洒食盐 400mg/L 加小苏打 400mg/L	

表 B.1（续）

分类	病名	症状	治疗方法	注意事项
寄生虫病	锚头鳋病	有锚头鳋寄生的锦鲤经常跳出水面，或在池壁、池底刮蹭。仔细检查会发现寄生虫，虫体大约5～10mm长，从体表的鳞下露出	成体锚头鳋先用镊子一只只人工夹掉，再给寄生处消毒；幼体生活在水中，可用药物消灭。敌百虫是最常用的药物，使用量0.3mg/L～0.5mg/L，全池泼洒	敌百虫浓度高时影响神经细胞。应把它溶解在尽可能多的水中，再泼洒敌百虫休药期≥10d
	鱼鲺病	像感染了锚头鳋一样，体上有鱼鲺寄生的锦鲤显示出游动失常、上窜下跳，在池壁或池底擦蹭身体，或尾部露出水面聚集在一起	像杀灭锚头鳋一样，用敌百虫也可消灭鱼鲺，用量是0.3mg/L～0.5mg/L全池泼洒，成幼体均可杀灭，隔1～2周重复一次	
	指环虫病	鳃部红肿，鳃盖张开，鳃组织表面黏液增多，鳃丝不鲜艳、呈暗灰色。有些病鱼急剧侧游，企图摆脱指环虫的侵扰，最后游动缓慢，衰竭而死。在鳃组织上可见到较大的乳白色虫体	1、用晶体敌百虫全池遍洒，使水体浓度为0.2mg/L～0.4mg/L 2、鳃部有寄生时，用福尔马林浸泡，效果更好	
	小瓜虫病	病鱼体表、鳍条上有白色点状胞囊；鳃丝贫血呈白色，黏液多，鳃瓣上有白色胞囊，部分鳃丝末端腐烂	1、食盐10g/L～30g/L浸浴5min～10min 2、每公顷水深1m，用辣椒粉3750g，生姜干片1500g，混合加水煮沸后，全池泼洒（先把姜片煮开后，再加辣椒粉）	

日本新潟地区与中国北京地区
养殖锦鲤的区别

在日本新潟地区没有类似北京市地方标准"锦鲤养殖技术规程（DB11/T 736—2010）"的行文标准，日本的国际锦鲤普及协会理事长、全日本锦鲤振兴会新潟地区执事伊佐先先生作为北京市水产科学研究所的顾问，笔者经过与其多年的合作、交流，发现新潟的锦鲤养殖技术与北京市地方标准"锦鲤养殖技术规程（DB11/T 736—2010）"存在诸多的异同点，主要表现在：

1. 新潟锦鲤养殖技术中锦鲤养殖池分为亲鱼池、产卵池、苗种池、成鱼池，其面积与规格与"锦鲤养殖技术规程（DB11/T 736—2010）"相似；

2. 新潟锦鲤养殖技术中锦鲤的人工繁殖时间通常为每年的 6~7 月，当水温在 18℃以上时即开始进行繁殖，与"锦鲤养殖技术规程（DB11/T 736—2010）"时间上略有不同；

3. 新潟锦鲤养殖技术中通常选择 4～5 龄以上的个体作为亲鱼，与"锦鲤养殖技术规程（DB11/T 736—2010）"时间上略有不同；

4. 新潟锦鲤养殖技术中鱼苗的孵化管理技术，包括水的溶氧量、水温、水流状态、卵的消毒方法等，与"锦鲤养殖技术规程（DB11/T 736—2010）"相似；

5. 新潟锦鲤苗种培育技术中，包括水泥池和池塘两种培育方式的放养密度，均与"锦鲤养殖技术规程（DB11/T 736—2010）"相似；

6. 新潟锦鲤养殖技术中红白锦鲤、大正三色锦鲤、昭和三色锦鲤的苗种挑选技术，包括初次挑选、第二次挑选的时间和技术内容，均与"锦鲤养殖技术规程（DB11/T 736—2010）"相似；

7. 新潟锦鲤成鱼养殖技术中，苗种的放养时间、鱼种规格、放养密度等，均与"锦鲤养殖技术规程（DB11/T 736—2010）"相似；

8. 新潟锦鲤养殖技术中锦鲤的病害防治原则"以防为主"，与"锦鲤养殖技术规程（DB11/T 736—2010）"相同；

9. 新潟锦鲤养殖技术中红白锦鲤、大正三色锦鲤、昭和三色锦鲤的品种特征、分级标准，均与"锦鲤养殖技术规程（DB11/T 736—2010）"附录 A 描述的相似；

10. 新潟锦鲤的亲鱼培育通常采用动物性饵料，如螺蛳等，区别于"锦鲤养殖技术规程（DB11/T 736—2010）"的配合饲料；

11. 新潟锦鲤的人工繁殖中，通常不进行激素催产，有别于"锦鲤养殖技术规程（DB11/T 736—2010）"；

12. 新潟锦鲤苗种培育技术中，初孵仔鱼主要投喂鱼虫、轮虫等天然生物饵料，与"锦鲤养殖技术规程（DB11/T 736—2010）"不同，主要由于新潟锦鲤的养殖主要以个体户为主，每次繁殖的亲鱼数量只有 20~40 尾，但在北京地区主要是规模化繁育，每次繁殖的数量多达几百至几千尾，所以在中国通常采用人工泼洒豆浆进行投喂；

13. 新潟锦鲤养殖技术中锦鲤的常见病害与防治方法同"锦鲤养殖技术规程（DB11/T 736—2010）"附录 B 存在一些差异，例如新穿孔病、浮肿病、绯食病等在中国尚未见到相关报道，因此在该规程中未提及；再如新潟在治疗锦鲤寄生虫性疾病时，通常采用一种叫做马素田的鱼药，但在中国主要使用敌百虫进行治疗。

附录三

锦鲤名称中、日、英文对照表

中文名	日本名	英文名	中文名	日本名	英文名
浅黄	浅黄	Asagi	昭和三色	昭和三色	Showa Sanshoku
秋翠	秋翠	Shusui	鹿子昭和	鹿の子昭和	Kanoko Showa
鸣海浅黄	鳴海浅黄	Narumi Asagi	近代昭和	近代昭和	Kindai Showa
绯秋翠	緋秋翠	Hi Shusui	丹顶昭和	丹頂昭和	Tancho Showa
绯浅黄	緋浅黄	Hi Asagi	德国昭和	ドイツ昭和	Doitsu Showa
一品鲤秋翠	秋翠(一品鯉)	不详	影昭和	影昭和	Kage Showa
红白	紅白	Kohaku	黄金写	金黄写り	Kinkiutsuri
段纹红白	段紋紅白	Nidan(二段) Sandan（三段） Yodan（四段）	金昭和	金昭和	Kin Showa
闪电红白	稲妻紅白	Inazuma Kohaku	山吹黄金	山吹黄金	Yamabuki Ogon
银鳞红白	銀鱗紅白	Ginrin Kohaku	白金	プラチナ黄金	Platinum Ogon
德国红白	ドイツ紅白	Doitsu Kohaku	橘黄金	オレンジ黄金	Orenji Ogon
鹿子红白	鹿の子紅白	Kanoko Kohaku	大和锦	大和錦	Yamato-nishiki
丹顶	丹頂紅白	Tancho	红松叶黄金	緋松葉黄金	Aka Matsuba
大正三色	大正三色	Taisho Sanke	孔雀黄金	孔雀黄金	Kujaku Ogon
赤三色	赤三色	Aka Sanke	德国贴分	ドイツはりわけ	Doitsu Hariwake
德国三色	ドイツ三色	Doitsu Sanke	菊翠	菊水ではない	Kikusui
口红三色	口紅三色	Kuchibeni Sanke	菊水	はりわけ（和鯉）	Kikusui
丹顶三色	丹頂三色	Tancho Sanke	乌鲤	烏鯉	Karasugoi
三色一品鲤	大正三色(一品鯉)	不详	松川化	松川バケ	Matsukawabake
鹿子三色	鹿の子三色	Kanoko Sanke	羽白	羽白	Hajiro
白别甲	白別甲	Shiro Bekko	九纹龙	九紋竜	Kumonryu
蓝衣	藍衣	Ai-goromo	红九纹龙	紅九紋竜	Hi Kumonryu
葡萄衣	葡萄衣	Budo Goromo	红辉黑龙	紅輝黒竜	U nique Koi
墨衣	墨衣	Sumi Goromo	黄松叶	黄松葉	Ki Matsuba
五色	五色	Goshiki	红鲤	緋鯉	Aka-muji
五色丹顶	丹頂五色	Goshiki Hajiro	黄鲤	黄鯉	Ki-goi
白写	白写り	Shiro Utsuri	茶鲤	茶鯉	Cha-goi
绯写 黄写	緋写り 黄写り	Hi Utsuri Ki Utsuri	落叶时雨	落葉しぐれ	Ochiba Shigure

图书在版编目（CIP）数据

锦鲤的养殖与鉴赏 ／ 苏建通主编．—北京：中国
农业出版社，2011.8（2021.5重印）
ISBN 978-7-109-15908-2

Ⅰ．①锦… Ⅱ．①苏… Ⅲ．①淡水鱼类：观赏鱼类－
鱼类养殖－画册②淡水鱼类：观赏鱼类－鉴赏－画册
Ⅳ．①S965.8-64

中国版本图书馆CIP数据核字（2011）第145717号

中国农业出版社出版

（北京市朝阳区农展馆北路2号）

（邮政编码 100125）

责任编辑 马春辉 张林芳

北京中科印刷有限公司印刷 新华书店北京发行所发行

2011年9月第1版 2021年5月北京第7次印刷

开本：889mm×1194mm 1/16 印张：17.5 插页：1

字数：400千字

定价：180.00元

（凡本版图书出现印刷、装订错误，请向出版社发行部调换）